风电工程建设安全质量作业标准

升压站土建工程分册

国电投河南新能源有限公司 编

图书在版编目（CIP）数据

风电工程建设安全质量作业标准. 6，升压站土建工程分册 / 国电投河南新能源有限公司编. —北京：中国电力出版社，2020.11
ISBN 978-7-5198-4907-8

Ⅰ. ①风… Ⅱ. ①国… Ⅲ. ①风力发电－变电所－建筑工程－安全生产－质量标准－中国 Ⅳ. ①TM614-65

中国版本图书馆 CIP 数据核字（2020）第 156948 号

出版发行：中国电力出版社
地　　址：北京市东城区北京站西街 19 号（邮政编码 100005）
网　　址：http://www.cepp.sgcc.com.cn
责任编辑：赵鸣志（zhaomz@126.com）
责任校对：黄　蓓　常燕昆
装帧设计：赵姗姗
责任印制：吴　迪

印　　刷：北京天宇星印刷厂
版　　次：2020 年 11 月第一版
印　　次：2020 年 11 月北京第一次印刷
开　　本：787 毫米×1092 毫米　16 开本
印　　张：3
字　　数：59 千字
印　　数：0001—1500 册
定　　价：78.00 元（全六册）

《风电工程建设安全质量作业标准》编写委员会

主　　任　耿银鼎

副 主 任　徐士勇　徐枪声

主　　编　邓随芳

编　　委　魏贵卿　王　浩　张喜东　孙程飞　李　珂　崔海飞
　　　　　任鸿涛　徐梦卓　马　欢　刘　洋　刘君一　张　昭
　　　　　李锦龙　兰　天

知识产权声明

前　　言

为规范国电投河南新能源有限公司全资和控股的新建、扩建陆上风力发电工程建设质量管理工作，明确质量要求，提升施工工艺质量标准，特编制本标准。

本标准由河南新能源工程建设中心组织编制并归口管理。

本标准主编单位：国电投河南新能源有限公司。

本标准主要编写人：崔海飞。

本标准主要审查人：邓随芳、孙程飞。

目　　录

编号	工艺名称	工艺流程	工艺标准及施工要点	验收标准	安全要点
1	土方开挖工程	1．施工准备 2．土方开挖 3．针探	（1）施工准备：结合施工现场地形条件及开挖深度，选用土方开挖机械，并考虑边坡是否支护，施工运土道路和水电等开挖条件已具备，并配有测量人员及器具。机械开挖一般是深度为 2m 以内的大面积开挖，对长度和宽度较大的大面积土方一次开挖，可采用铲运机铲土；对面积大且深的基坑，可采用液压正、反铲开采，一般机械土方开挖由翻斗汽车配合运土。 （2）土方开挖： 1）土方开挖前选定开挖坡度。机械开挖时，要配合少量人工清土，将机械挖不到的地方运到机械作业半径内，由机械运走。机械开挖在接近槽底时用水准仪控制标高，预留厚度为 20～30cm 的土层人工开挖，以防止超挖。开挖到距槽底 20cm 时，测量人员应测出距槽底 20cm 的水平标志线，然后在槽帮上或基坑底部钉上小木桩，清理底部土层时用它们来控制标高。根据控制轴线及基础轮廓检验基槽尺寸，修整边坡和基底。边坡修护应规整、美观。 2）严格控制开挖尺寸，基坑底部的开挖宽度要考虑工作面的增加宽度，避免大面积的二次开挖。施工时尽力避免基底超挖，个别超挖的地方经设计单位给出方案后进行基础处理。 3）开挖基坑时，有场地条件的一次留足回填需要的好土，多余土方运到弃土处，避免二次搬运。弃土和预留土应拍方、堆放整齐。土方开挖时，要注意保护标准定位桩、轴线桩、标准高程桩。要防止邻近建筑物的下沉，应预先采取防护措施，并在施工过程中进行沉降和位移观测。 4）雨期施工时，要加强对边坡的保护。可适当放缓边坡或设置支撑，在坑外侧围以土堤或开挖水沟，防止地面水流入基坑内。 （3）针探：一般选用机械打针机（轻型触探器）对主要项目或开挖面积比较大的工程进行针探。平面布置图分区放线，用白灰放出分区控制线，孔位要撒上白灰点，将触探杆尖对准孔位，再把穿心锤套在针杆上，使穿心锤自由下落，锤落距为 50cm，把钉杆垂直打入土层中。针杆每打入土层 30cm，在地基针探记录表中记录一次锤击数。针探深为 1.8m 打完针孔，先经过质检员和工长检查孔深与记录无误，再经过验槽合格后，方可进行灌砂。灌砂时每填入 30cm 左右，须用钢筋捣实一次。孔顺序编号，将锤击数填入统一的表格内，字迹应清楚，经过监理单位、施工单位工程技术负责人、质检员、资料员签字后归档。归档针探记录表必须使用黑色签字笔填写，字迹要工整，不可有改动迹象	（1）基底土性质符合设计要求。 （2）开挖坡度符合规范的规定。 （3）基底标高偏差为 0～50mm。 （4）开挖边线偏差（由设计中心线向两边量）为 0～＋20mm。 （5）表面平整小于或等于 20mm	（1）基坑开挖应做好安全防护和安全提示，严防坠落和塌方。 （2）当深度超过 2m 时，周边必须设两道护身栏杆；挖出堆土高度不宜超过1.5m，与基坑边缘的距离大于1m；危险处夜间设置红色警示灯。 （3）配合机械挖土、清底、平地、修坡等作业时，不得在机械回转半径以内作业；发现基坑边坡滑坡及坍塌现象时，应立即采取措施，保护人身安全。 （4）严格按照项目水土保持方案及其批复的要求，结合项目道路工程施工图纸，将施工过程中产生的弃方运至指定的弃渣场，弃渣场按照“先拦后弃”的原则集中堆放，及时恢复植被。严禁将产生的弃方随意倾倒于山涧或道路下边坡，防止滑坡、泥石流等次生灾害的发生。 （5）基坑周围设置警告标志围栏高度不得低于1m，围栏距坑边不得小于 0.8m

续表

编号	工艺名称	工艺流程	工艺标准及施工要点	验收标准	安全要点
2	土方回填工程	1．施工准备 2．土方回填	（1）施工准备： 1）基坑验槽完毕，并按设计和勘探部门的要求处理完地基，办完隐蔽验收手续。根据设计压实系数，需做土工击石试验，确定干密度。 2）地基与基础工程已施工完毕，验收合格。土方回填前，应对基槽内杂物清理干净，并保证基坑内无积水。 3）根据回填面积和结构，选用振动辗或打夯机。 （2）土方回填： 1）填方土料应符合设计要求，保证填方的强度和稳定性，一般不能选用淤泥、淤泥质土、膨胀土、有机质大于 8%的土、含水溶性硫酸盐大于 5%的土、含水量不符合压实要求的黏性土。填方土应尽量采用同类土。土料含水量一般以手握成团、落地开花为适宜。宜优先采用基槽中挖出的土，但不得含有杂物，粒径不大于 15mm，含水量应符合规定。 2）人工回填土每层厚度不大于 200mm，机械回填土每层厚度不大于 300mm，在回填过程中，应采用层层检验制度，做好回填土隐蔽工程检查记录和回填土试验。 3）可在结构体上，用粉笔标出每层回填土厚度的标记，以便施工作业人员和检查人员一目了然，还可控制回填土厚度的准确性	（1）基底处理及清理符合设计及规范要求。 （2）分层压实系数符合设计要求。 （3）分层厚度及含水率符合设计要求。 （4）标高偏差为 0～＋20mm，平整度偏差为±20mm	（1）人工回填： 1）用手推车运土，应先平整好道路。卸土回填，不得放手让车自动翻转。 2）深基坑（槽）上下应先挖好阶梯或设置靠梯，或开坡道，采取防滑措施，禁止踩踏支撑上下。深度超过 2m 的基坑（槽）施工，基坑周边设置防护设施。 3）蛙式打夯机必须使用单向开关，操作扶手要采取绝缘措施。蛙式打夯机必须由两人操作，操作人员必须戴绝缘手套并穿绝缘鞋。 （2）机械回填： 1）推土机使用钢丝绳牵引重物时，附近不得有人。 2）采用翻斗车或自卸汽车运土时，不得直接倒入沟槽（坑）内。 3）采用机械碾压时，应遵守压实机械有关安全技术操作规程
3	钢筋混凝土灌注桩工程	1．施工准备 2．测量放线 3．埋设护筒 4．钻孔 5．清孔 6．钢筋笼制作、放置 7．混凝土浇筑	（1）施工准备： 1）图纸会审。严格按照要求做好图纸会审工作，避免出现图纸错误或其他原因耽误施工。 2）每个分项工程必须分级进行施工技术交底，技术交底内容要充实，具有针对性和指导性，施工的全体人员都要参加技术交底并签名，形成书面交底记录。 3）验收进场材料，检查现场进场的水泥、钢筋、砂石的合格证，按规范要求抽样复验。钻孔灌注桩用材料、掺合料、外加剂按照设计图要求选取，掺入量应根据试验配合比确定。 4）机械设备进场时，应检查机械设备维修保养记录，确保机械设备各部件完好。 5）准备好桩基工程的打桩、沉桩记录和隐蔽工程验收记录表格，并安排好记录人员。 （2）测量放线：按照桩位布置图布置并进行测量定位，设置标高控制点和轴线控制网，对每一个桩位进行标识。 （3）埋设护筒：钻机就位前，先平整场地，铺好枕木并用水平尺校正，保证钻机平稳、牢固。在桩位埋设厚度为 6～8mm 的钢板护桶，内径比孔口大 100～200mm，埋深 1～1.5mm，同时挖好水源坑、排泥槽、泥浆池等。	（1）承载力符合设计要求。 （2）混凝土强度符合设计要求。 （3）桩体质量检验应符合《建筑桩基检测技术规范》（JGJ 106）的规定	（1）现场机械设备必须要保证一个合闸控制一台机器，一台机器设置一个漏电保护器，所有用电设备必须保证好接地保护。 （2）钢筋的切断、调直、焊接，钢筋笼的吊装、起运、安装必须严格执行机械安全操作规程。钢筋切断所用的无齿锯要有安全防护罩，无齿锯前方 2m 左右要设垂直挡板，以防火星乱飞伤人及碰到易燃物引起火灾。钢筋调直区两侧要设立 1.5m 高的防护。 （3）钢筋切断时，机械运转情况下严禁用手直接清除刀口附近的断头和杂物；在钢筋摆动范围内和刀口附近，禁止非操作人员停留。

续表

编号	工艺名称	工艺流程	工艺标准及施工要点	验收标准	安全要点
3	钢筋混凝土灌注桩工程		（4）钻孔：钻孔灌注桩正式施工前应进行试成孔，以便选择合适的成桩工艺。当需提高灌注桩的单桩承载力时，可采用成桩后桩底、桩侧压浆的施工工艺，其单桩承载力应采用静荷载试验确定。钻孔灌注桩以泥浆护壁成孔时，钻孔内泥浆面应始终保持高于地下水位以上。泥浆宜选用塑性指数高的黏性土制备，或选用膨润土，必要时添加外加剂以提高泥浆的性能。 （5）清孔：灌注桩孔深达到要求后，立即进行第一次清孔。在下放钢筋笼及导管安装完毕后，灌注混凝土之前，应进行第二次清孔，对清孔后的泥浆密度、孔径和二次清孔沉渣允许厚度进行检查。 （6）钢筋笼制作、放置：钻孔灌注桩钢筋笼的制作应符合设计图的要求，主筋净距应大于混凝土粗骨料粒径3倍以上；加强主筋宜设在推筋外侧，主筋一般不设弯钩；钢筋笼的内径应比导管接头外径大于100mm以上。钢筋笼的焊接搭接长度应符合规范要求，焊条根据钢筋材质合理选用。钢筋笼的安放应吊直扶稳，对准桩孔中心，缓慢放下 （7）混凝土浇筑： 1）二次清孔结束后应在30min内浇筑混凝土，若超过30min，应复测孔底沉渣厚度。当沉渣厚度超过允许厚度时，则需利用导管清除孔底沉渣至合格后，方可灌注混凝土。 2）混凝土浇筑应使用导管，导管内径宜为200～300mm。导管可采用丝扣或法兰盘连接；施工前导管应试拼接和试压，以保证连接后整根导管垂直，使用时不破不漏。 3）浇筑混凝土前，应在导管内于泥浆面以上吊装隔水塞。 4）混凝土浇筑应连续进行，因故中断时间不得超过混凝土初凝时间。在同一根桩上只能用一种品牌等级的水泥。 5）桩顶混凝土实际灌注高度，应保证凿除桩顶浮浆后达到设计标高时的混凝土能符合设计要求		（4）现场若是松散易坍塌地层，孔壁不稳定，必须采用静态泥浆护壁钻进，向孔内投入护壁泥浆或稳定液进行护壁，以免造成坍孔事故。 （5）埋设钢护筒时，护筒内径应比桩径大20cm，还需满足孔内泥浆面的高度要求，在护筒周围不宜站人，在护筒埋设好后不施工时上面要加盖板，防止人或工具不慎跌入或掉进孔中。 （6）现场吊车及钻机作业时，在吊臂及挖掘臂转动范围内，不得有人走动或进行其他作业
4	构筑物基础工程	1．测量放线 2．基槽土方开挖 3．垫层混凝土施工 4．基础钢筋制作、安装 5．基础模板安装 6．螺栓预埋和基础环安装 7．混凝土搅拌 8．混凝土浇筑 9．混凝土养护	（1）测量放线：构筑物基础定位放线应根据建筑测量方格网为准，应设立轴线控制桩、标高控制桩。定位放线后，应进行复核，并经业主或监理核实。 （2）基槽土方开挖：根据图纸及地质勘察报告要求，查勘现场土质，确定开挖方案。开挖中应对基底标高、基坑轴线、边坡坡度等进行复测，并及时排除积水，确保不超挖。基底土质开挖时不受扰动，基础土方开挖完成后，应组织相关人员（勘察单位、设计单位、施工单位、监理单位）进行验槽，并做好记录。	（1）模板及其支架应具有足够的承载能力、刚度和稳定性，能可靠地承受浇筑混凝土的重力、侧压力及施工荷载。 （2）模板轴线位置允许偏差为±5mm。 （3）模板标高位置允许偏差为0～－10mm。	（1）基坑开挖应做好安全防护和安全提示，严防坠落和塌方。 （2）当深度超过2m时，周边必须设两道护身栏杆；危险处夜间设置红色警示灯。 （3）施工过程中相关的边坡坡率、边坡防护、排水沟设置等应严格按照相关规范执行。

续表

编号	工艺名称	工艺流程	工艺标准及施工要点	验收标准	安全要点
4	构筑物基础工程		（3）垫层混凝土施工：将基础控制线引至基坑内，设置好控制桩，并核实其准确性。按照基坑轴线位置，安装混凝土垫层模板，浇灌混凝土垫层。混凝土垫层浇捣应密实、平整，厚度应符合设计要求。混凝土垫层浇筑完毕后，应进行浇水养护，混凝土强度达到1.2N/mm^{2}前，不得在其上踩踏或安装模板支架。 （4）基础钢筋制作、安装：根据图纸等设计文件进行钢筋翻样，确定钢筋规格、型号、尺寸、形状，在制作棚内统一加工成型，运至现场。利用控制桩定出施工控制线、基础边线，复查垫层标高及中心线位置，无误后，绑扎基础钢筋，钢筋安装、绑扎完成并经验收合格后，应办理钢筋隐蔽工程验收记录。 （5）基础模板安装：风机基础及构支架基础模板及其支架应根据结构形式、荷载大小、地基土类别、施工设备和材料供应等条件进行设计符合强度、刚度、稳定性等要求，构支架基础自下往上安装各层外侧模板及支架，并进行固定。模板表面须涂刷隔离剂。杯芯模板采用木模板拼装或采用定型钢模板。构支架基础模板安装完成后应进行检查、矫正，并整体加固。构支架基础的模板构支架基础芯的定型钢模板安装，永久性外露基础部分，边角全部采用倒角施工工艺，倒角木线安装采用排钉枪钉牢在模板边角上。基础模板拆除应保证混凝土边角、棱角不被损坏。构支架基础杯芯模板应视气温情况及时拆除，避免破坏杯口混凝土棱角。 （6）螺栓预埋和基础环安装：工程开工前，先将地脚螺栓的固定板加工完成，将螺栓固定在锚固板上，调节螺栓外露的高度。螺栓穿入后，使螺栓自然下垂，用钢筋将地脚螺栓的锚固板间焊接牢固，每组地脚螺栓固定完成后，用木方子作为定位板的支撑，用废钢筋头将定位板与基础顶面的紧固架管进行焊接固定。同时，螺栓组与垫层上的预埋钢筋头固定连接，螺栓水平尺寸误差控制在1.5mm以内。安装前，在垫层上放出基础环安装位置线及中心控制点，通过微调调平支座的下部螺母，控制基础环的顶标高误差在1mm以内；通过调节下部螺母，控制定位模板的上表面标高误差在1mm之内，并控制地错环和定位模板到圆心距离的偏差在1mm以内。 （7）混凝土搅拌：混凝土搅拌机使用前应加水湿润，按石子、砂、水泥、水的顺序投放材料，原材料现场计量应有专人检查，必须按质量进行计量。允许偏差不得超过规定值：水泥为±2%，粗细骨料为±3%，水、外加剂溶液为±2%。混凝土搅拌时间一般不少	（4）模板截面尺寸位置允许偏差为±5mm。 （5）混凝土表面平整度允许偏差为3mm。 （6）预留洞口中心线允许偏差为10mm。 （7）预埋螺栓中心线允许偏差为1.5mm	（4）现场机械设备必须要保证一个合闸控制一台机器，一台机器设置一个漏电保护器，所有用电设备必须保证好接地保护。 （5）钢筋进场的吊卸，钢筋的切断、调直、焊接必须严格执行机械安全操作规程。钢筋切断所用的无齿锯要有安全防护罩，无齿锯前方2m左右要设垂直挡板，以防火星乱飞伤人及碰到易燃物引起火灾。钢筋调直区两侧要设立1.5m高的防护。 （6）钢筋绑扎使用步道；在钢筋上层工作时注意不要站在边缘，弯曲钢筋时预防滑倒，同时注意脚下，防止滑跌、坠落。

续表

编号	工艺名称	工艺流程	工艺标准及施工要点	验收标准	安全要点
4	构筑物基础工程		于90s，原材料使用前应进行配合比设计并测定材料的含水量，根据测试结果确定材料用量及用水量。 （8）混凝土浇筑： 1）混凝土的水平运输宜采用混凝土罐车，量少时可采用手推车或翻斗车运输，运输前应搭设好运输通道，运输通道可采用钢管排架、竹笆或木板搭设。 2）构支架基础浇筑混凝土时，为防止杯芯模板向上浮或向四周偏移，需注意控制混凝土坍落度及下料速度。当混凝土浇筑到高于第一层外模板 50mm 左右时，稍作停顿，接着在杯芯四周对称均匀下料振捣，第二层混凝土浇筑应在底层混凝土终凝前完成，终凝一天后进行杯芯凿土。 3）混凝土振捣采用插入式振捣器施工，插入间距不大于 400mm，上层振动棒应插入下层 30～50mm，混凝土浇筑时应注意模板、支架、预留孔洞和埋管有无走动，一经发现有变形、位移，应及时整改。 4）风机基础为大体积混凝土浇筑，注意混凝土下料温度；可选用循环水降温措施，防止因混凝土内外温差过大造成基础表面龟裂。 （9）混凝土养护：混凝土应在浇筑完毕后的 12h 内加以覆盖进行保温养护，浇水养护时间不少于 7d，并设专人检查落实		（7）移动作业平台搭设必须满足要求。支撑脚手架的基础应有足够的支撑力，并且水平高低差应小于 25mm。 （8）混凝土浇筑： 1）风电场范围内的道路两侧应设置国家标准式样的路标、交通标志、限速标志和减速坎等设施。 2）严禁人员进入混凝土搅拌运输车筒内清除混凝土结块
5	钢筋混凝土框架结构工程	1. 定位放线 2. 钢筋工程 3. 模板工程 4. 混凝土工程 5. 混凝土养护	（1）定位放线：框架结构定位放线按基础表面轴线为准，定位放线结束后，应进行复核，并经业主或监理核实，填写轴线复核记录。复测工作由专业人员负责，并做到专人操作、专用仪器、专人保管；做好主控轴线标桩及标高控制线的设置和标识。 （2）钢筋工程： 1）钢筋制作。必须使用经试验合格的钢筋，钢筋规格代换必须遵循等量代换的原则，并经设计单位同意。钢筋制作包括钢筋弯钩和弯折、箍筋末端弯钩、钢筋调直。 2）钢筋焊接和机械连接。钢筋焊接应由持有效证书的合格焊工操作。焊接前，应进行可焊性试验，试验合格后方可成批焊接，并且按规定抽样送检。焊接时，应计算接头设置错开距离，搭接长度和接头面积百分率应符合规范的规定。进行机械连接操作的工人，应持有效操作证书，施工后按规定取样复检试验。 3）钢筋绑扎。钢筋绑扎严格按规范要求施工；绑扎应牢固，严禁缺扣、松扣；严禁漏扎，绑扎接头的搭接长度、接头方式及接头位置应符合设计和规程的要求。为保证梁、柱节点处钢筋安放的质量，可按下列方法施工：当梁骨架钢筋在楼盖上绑扎时，将	（1）模板及其支架的承载能力、刚度和稳定性满足使用要求。 （2）模板拼缝严密，无错搓、孔洞等质量缺陷。 （3）混凝土结构轴线位移允许偏差小于或等于 6mm。 （4）垂直度允许偏差：层高小于或等于 5m 时，允许偏差小于或等于 6mm；层高大于 5m 时，允许偏差小于或等于 8mm。 （5）截面尺寸允许偏差为＋4～－5mm	（1）现场机械设备必须要保证一个合闸控制一台机器，一台机器设置一个漏电保护器，所有用电设备必须保证好接地保护。 （2）钢筋进场的吊卸，钢筋的切断、调直、焊接必须严格执行机械安全操作规程。钢筋切断所用的无齿锯要有安全防护罩，无齿锯前方 2m 左右要设垂直挡板，以防火星乱飞伤人及碰到易燃物引起火灾。焊接时要设一名看护人员，并配备灭火器。钢筋调直区两侧要设立 1.5m 高的防护。 （3）落地式扣件钢管脚手架的施工和检查验收应符合《建筑施工扣件式钢管脚手架安全技术规范》（JGJ 130）的相关要求。

续表

编号	工艺名称	工艺流程	工艺标准及施工要点	验收标准	安全要点
5	钢筋混凝土框架结构工程		预先焊好的成品“套箍”放入，按规范间距焊接，防止梁钢筋沉入时骨架倾斜；对135°/135°的推筋施工，因其安放难度较大，制作时先做成135°/90°的推筋，待其绑扎好后再用小扳手将90°弯钩扳成135°。所有板负弯矩筋采用钢筋支凳搁置，间距为600～900mm，浇筑混凝土时应不断检查板负弯矩筋高度，严禁破坏钢筋支凳，确保钢筋位置正确。 4）钢筋保护层。预先制作与混凝土同强度等级的砂浆垫块，中间预埋扎丝，以便梁支设梁侧边保护层时使用。推荐采用塑料垫块，塑料垫块应具有一定的强度。钢筋间距及箱筋加密区符合设计要求，绑扎工艺美观。 （3）模板工程： 1）模板及其支架应根据结构形式、荷载大小、地基土类别、施工设备和材料供应等条件进行设计，符合有关强度、刚度、稳定性要求。模板制作前应认真做好翻样工作，特别是梁、柱交接点部位的翻样。 2）支撑系统采用钢管排架，应按模板在施工阶段的变形量控制要求及有关规定设置，做到既要保证其强度、刚度和稳定性，又要考虑构造简单、安装及拆除方便，支撑系统及模板系统应经过计算 3）柱模板安装前必须先在基础框架柱周边弹出柱边控制线，并在其根部设钢筋限位，以确保柱根部位置的准确。安装前，检查柱筋或预埋件是否按设计要求留置。 4）安装梁底模板时应先复核钢管排架、底模横模的标高是否正确。当梁跨度大于4mm时应按规范的要求起拱。梁、柱模板平面接搓时，柱模板应支设到梁模板底，梁模板头竖向同柱模板接平。 5）模板支设重点应控制其底模板刚度、侧模板垂直度、表面平整度，特别要注意外围模板、柱模板、梁模板等处模板轴线位置的正确性。 6）当模板安装完毕后，应由专业人员对其轴线、标高、各部位构件尺寸、支撑系统及模板基础、起拱高度进行检查。 7）预埋管线、套管、预留孔洞、预埋件在合模时或混凝土浇灌前应预先固定，反复校核，不得遗漏。预埋件用直径为4mm的螺栓固定在模板上，周边用防水胶带粘贴。砌体拉结筋按要求留置。 8）梁板底模板的拆除，应满足如下条件：梁跨度小于8m时，混凝土强度要达到75%；梁跨度大于或等于8m时，混凝土强度要达到100%。板跨度小于2m时，混凝土强度要达到50%；板跨度大于或等于2m，且小于8m时，混凝土强度要达到75%；板跨度大		（4）移动作业平台搭设必须满足要求。 （5）混凝土浇筑： 1）风电场范围内的道路两侧应设置国家标准式样的路标、交通标志、限速标志和减速坎等设施。 2）严禁人员进入混凝土搅拌运输车筒内清除混凝土结块。 3）混凝土搅拌运输车在冬季应及时安装保温套，并使用防冻液对混凝土搅拌运输车加以保护，根据天气变化更换燃油标号，确保机械的正常使用。 4）混凝土搅拌运输车在运输混凝土时，要保证滑斗放置牢固，防止因松动造成摆动，在行进中碰伤行人或影响其他车辆正常运行。

续表

编号	工艺名称	工艺流程	工艺标准及施工要点	验收标准	安全要点
5	钢筋混凝土框架结构工程		于或等于8m时，混凝土强度要达到100%。悬臂构件混凝土强度应达到100%方可拆除，应以同条件养护试件的试验结果为依据。在拆除模板过程中，如发现混凝土有影响结构的安全问题，应停止拆除，并报告技术负责人处理。 9）模板支设后要达到以下要求：保证结构和构件各部位形状尺寸及相互间位置的正确性；具有足够的稳定性和牢固性；接缝严密，不漏浆；节约材料，便于拆除模板。 （4）混凝土工程： 1）施工前，调整好混凝土的施工配合比，控制水灰比和坍落度。砂、石的进料要严格按质量计量，严格执行施工配合比，投料顺序为石子、砂、水泥、石子。混凝土所用的原材料允许偏差为：水泥±2%，粗细骨料±3%，水、外加剂±2% 2）对于面积较大的楼面，混凝土的浇筑通道宜采用钢筋马凳作支撑，上铺脚手板作为两条通道，每条通道宽1.2m左右，以保证混凝土施工过程中已绑扎成型的钢筋不变形。若采用泵送浇筑可不必搭设浇筑通道。 3）混凝土浇筑要连续施工，尽量避免留置施工缝。必须留施工缝的部位，应符合规范要求，施工缝应留平留直。在接缝时，应先对施工缝表面浇水湿润，并在接缝处铺设与原混凝土同强度等级的水泥砂浆。混凝土振捣要密实，振动棒应快插慢拔，以混凝土不出气泡、不下陷、表面泛浆为准。 4）柱混凝土应浇至梁底50～100mm处或梁端弯筋底，梁板宜一次连续浇筑完毕，不留施工缝。肋形梁板浇筑应顺次梁方向，如遇特殊情况需留施工缝，应留在剪力最小部位。 5）混凝土浇筑时应分层下料，分层振捣，下料厚度宜控制在300mm。振捣时，振动棒插入下一层的100mm，使上下接合密实，振动棒严禁碰触钢筋，防止模板跑模。振动棒应快插慢拔，按行列式或交错式前进，振动棒移动距离一般在300～500mm，每次振捣时间控制在20～30s，以混凝土表面呈现水泥浆和混凝土不再沉陷为准。楼面混凝土在初凝前还应用平板振动器复振，再用木抹子搓平及紧光机施工。 6）有防水要求的部位应按设计及规程要求施工，并留设足够的混凝土试验试块，包括标准养护和同条件养护试块，有抗渗要求的做抗渗试块。 （5）混凝土养护：混凝土浇筑后必须在12h内进行养护，使混凝土表面处于足够的湿润状态，由专人负责养护，养护时间不得少于7d；对掺用缓凝型外加剂或有抗渗要求的混凝土，养护时间不少于14d。当平均气温低于5℃时，按照冬期施工进行		（6）混凝土振捣前检查振捣器及电缆的绝缘，不能有损坏。混凝土振捣时需要两人同时操作，一人操作振动棒，一人看护振动泵及用电情况

续表

编号	工艺名称	工艺流程	工艺标准及施工要点	验收标准	安全要点
6	砌筑工程	1．施工准备 2．砖（砌）块浇水湿润 3．复核轴线 4．砂浆搅拌 5．砖体砌筑	（1）施工准备： 1）材料准备。砖的品种、规格、强度等级必须符合设计要求，有出厂合格证，按规范要求进行复验。砖进场时应进行尺寸偏差、外观质量等检查，不得使用国家禁止的建筑砌块。水泥砂浆的强度等级不宜大于32.5级，混合砂浆的强度等级不宜大于42.5级。水泥必须有合格证并经见证取样复验。砂采用中砂，使用前应用孔径为5mm的筛子过筛。应将原材料送至实验室，进行配合比试验，并根据测定现场砂的含水率调整施工配合比。其他材料准备包括墙体拉结筋、预埋件、已做防腐处理的木砖或混凝土块及勾缝工具（用于清水砌体结构）等。 2）技术准备。做好图纸会审工作；施工前，每个分项工程必须分级进行施工技术交底。技术交底内容要充实，具有针对性和指导性，全体施工人员应参加技术交底并签名，形成书面交底记录。 （2）砌（砖）块浇水湿润：砌块必须在砌筑前根据具体情况喷水湿润。机制实心砖以水浸入砖四边1.5cm为宜，含水率为10%～15%，常温施工不得使用干砖上墙。雨期施工不得使用含水率达饱和状态的砖砌筑；温度低于0℃时可不浇水，但必须加大砂浆稠度。 （3）复核轴线：砌筑前，将砌筑处清理干净，弹出轴线及门窗洞口线，监理及施工质量检查员应检查复核控制线，主要是墙体轴线、墙体厚度、门窗洞口线等，并结合水电设计图纸，看暖气、空调等设施与门窗洞位置矛盾，如有问题联系设计单位解决。 （4）砂浆搅拌：通过实验室确定砂浆施工配合比，砂浆施工配合比必须采用质量比；依据配合比，并经现场试验测定，砂的含水率可进行调整。砂浆原材料允许偏差为：水泥为±2%，砂、石灰膏控制在5%以内。机械搅拌时，搅拌时间不得少于2min，加入粉煤灰或外加剂时，不得少于3min，掺用有机塑化剂的砂浆，应为3～5min。 （5）砖体砌筑： 1）排砖撂底。排砖应全盘考虑，符合各种影响砌筑质量的因素。一般外墙第一层砖摆底时，两山墙排丁砖，前后檐纵墙排条砖。根据弹好的门窗口位置线及构造柱的尺寸，认真核对窗间墙、跺尺寸，其长度是否符合排砖模数。如不符合模数。可将门窗口的位置在设计单位同意的情况下左右稍调整移动。移动门窗口位置时，应注意暖、卫立管及门窗开启时不受影响。另外，排砖时还要考虑在门窗口上边的砖墙合拢处不出现半砖。	（1）轴线位移允许偏差小于或等于10mm。 （2）垂直度每层允许偏差小于或等于5mm；建筑物全高小于或等于10m时允许偏差小于或等于10mm，建筑物全高大于10m时允许偏差小于或等于20mm；基础顶面和楼面标高允许偏差为±15mm。 （3）表面平整度混水墙、柱、基础允许偏差小于或等于8mm；清水墙小于或等于5mm。	（1）严禁在墙顶上站立划线、刮缝、清扫墙、柱面和检查大角垂直等工作。 （2）超过胸部以上的墙面，不得继续砌筑，必须及时搭好架设工具。不准用不稳定的工具或物体在脚手板面垫高工作。 （3）用起重机吊运时，应采用砖笼，并不得直接放于跳板上。吊运砂浆时吊臂回转范围内人员不得行走或停留。 （4）夏季要做好防雨措施，严禁雨水冲走砂浆，致使墙体倒塌。冬季施工有霜、雪时，必须将脚手架等作业环境的霜、雪清除后方可作业。 （5）墙身砌体高度超过地坪1.2m以上时，搭设脚手架。砌筑使用的脚手架，未经交接验收不得使用，验收使用后不准随便拆改或移动。

续表

编号	工艺名称	工艺流程	工艺标准及施工要点	验收标准	安全要点
6	砌筑工程		2）选砖。外墙砖应选择棱角整齐，无弯曲、裂纹，颜色均匀，规格基本一致的材料，清水墙体更应注意。 3）盘角。砌砖前应先盘好角，每次盘角不宜超过五层，新盘的大角应及时检查其垂直度及平整度，如有偏差及时调整。盘角时要仔细对照皮数杆的标高，控制好灰缝大小，使水平缝及竖向缝均匀一致。大角盘好后应复查一次，墙体平整度和垂直度完全符合要求后，再挂线砌墙。 4）挂线。砌筑370、240墙，都必须双边挂线，如果墙体较长，挂线中间应设置支点，控制线要拉紧，每层砖砌筑时应扣平线，使水平缝保持均匀一致。 5）砌砖。砌砖采用一铲灰、一块砖、一挤揉的“三一”砌筑法。砌砖时，砖要放平，里手高，墙面就要张；里手低，墙面就要背。砌砖应遵循“上跟线，下跟棱，左右相邻要对平”的口诀，水平灰缝厚度和竖向灰缝宽度一般为10mm，但不应小于8mm，也不大于12mm。清水墙灰缝要求宽度为9～11mm。砌筑砂浆要随搅拌随使用，一般水泥砂浆必须在3h内用完，混合砂浆必须在4h内用完。标高不同时砌砖应从低处砌起，并由低处向高处搭砌。 6）留槎。一般情况下，砖墙上不允许留直槎，砌体转角与交接处应同时砌筑，严禁内外墙分开施工。对不能同时砌筑而又必须留置的临时间断处应砌成斜槎，斜槎水平投影长度不应小于墙体高度的2/3。非抗震设防或抗震设防烈度为6、7度的临时间断处，当不能留斜槎时，可留直槎，但必须砌成凸搓，并应加设拉结筋。拉结筋的数量按设计要求设置，外墙转角严禁留直槎。 7）预埋木砖和墙体拉结筋，木砖预埋时应小头在外，大头在内，数量按洞口高度决定，洞口高度在1.2m以内，每边放两块；高度为1.2～2m，每边放3块；高度为2～3m，每边放4块。预埋木砖的部位一般在洞口上边或下边匹皮砖，中间均匀分布。木砖要提前做好防腐处理。预埋木砖的另一种方法为：按照砖的大小尺寸制作细石混凝土包裹的木砖，制作时将细石混凝土木砖预制好，达到强度后，按规范要求砌在洞口处。墙体拉结筋的位置、规格、数量、间距均按设计及施工规范要求留置，不得错放、漏放。 8）安装过梁、梁垫。安装过梁、梁垫时，其标高、位置及型号必须准确，垫灰饱满。如垫灰厚度超过2cm，采用细石混凝土铺垫，边梁安装时，两端支座长度必须一致。	（4）门窗洞口高度、宽度允许偏差为±5mm；外墙上下窗偏移允许偏差小于或等于20mm。 （5）水平灰缝平直度混水墙允许偏差小于或等于10mm；清水墙小于或等于5mm。 （6）水平灰缝厚度1皮砖累计）允许偏差为±8mm。 （7）预留洞中心位移允许偏差小于或等于10mm；截面内部尺寸允许偏差为±10～0mm	（6）脚手架搭设人员要有高处作业证及搭设经验；脚手架上堆放料量不得超过规定荷载，同一脚手板上的操作人员不超过2人；经过钢管的脚手架电缆不得将接头搭在脚手架上；不得用砌块或灰斗搭设临时脚手架。 （7）不得用抛掷方法传递砌块等材料，不得向下抛掷物料；高处作业应注意下方是否有人，不得向墙外扔砖；完工后应将脚手架板及墙体杂物清理干净，不得留存

续表

编号	工艺名称	工艺流程	工艺标准及施工要点	验收标准	安全要点
6	砌筑工程		9）构造柱做法。在构造柱连接处必须砌成马牙搓。马牙搓做法按规范要求施工，应先退后进。马牙搓侧边使用单面胶粘贴后支设模板，可防止浇筑混凝土时漏浆。 10）承重墙最上一皮砖、梁或梁垫下、挑檐处均应采用整砖丁砌。 11）填充墙梁底砌筑。填充墙外墙与框架梁之间保留宽度不小于30mm的缝隙，采用防水细石混凝土堵缝。堵缝时，缝隙处浇水湿润，墙体内侧采用模板挡住，从外墙采用微膨胀防水混凝土塞入墙缝中，捣制密实，如缝隙较大可进行两次浇捣。填充墙内墙与框架梁之间可留出2/3砖长位置，采用斜砖塞砌，砌筑时应砂浆饱满，砖缝填塞紧密		
7	抹灰工程	1．施工准备 2．基层处理 3．掉垂直、贴灰饼、冲筋 4．基层抹灰 5．抹水泥砂浆面层 6．大面积外墙抹灰施工 7．抹灰细部处理 8．洞口部位修整 9．踢脚线	（1）施工准备： 1）材料准备。水泥应采用32.5级普通硅酸盐水泥或矿渣硅酸盐水泥；砂采用中砂；混凝土界面采用108胶；抹灰用脚手架应先搭好，架体离开墙面200～250mm，搭好脚手板。 2）其他准备。抹灰部位的主体结构均已验收合格，门窗框及需要预埋的管道已安装完毕，并经隐蔽验收；对于卫生间及管道井部分管道背后难以抹灰的部分，应先定点进行局部抹灰。 （2）基层处理： 1）基层为混凝土、加气混凝土、粉煤灰砌块时，应用1：1水泥、细砂掺108胶拌和后，采用机械喷涂或扫帚甩浆等方法进行墙面毛化处理，并进行洒水养护。对于砖墙，应在抹灰前一天浇水湿润；加气混凝土砌块墙面，应提前两天浇水，每天进行两遍以上。 2）不同材料基体交接处的表面抹灰，外墙和顶棚的抹灰层与基层之间及各抹灰层之间必须粘贴牢固。内外填充墙体与混凝土（柱、梁）交接处粉刷前应采用抗碱纤维网格布粘贴，宽度不小于300mm，以防止由于收缩模量不同产生的温度裂缝。外墙（柱、梁）交接处还应按设计及规范要求用钢丝网加固。 （3）吊垂直、贴灰饼、冲筋：在房间地面弹十字交叉线规方，十字交叉线作为墙面抹灰基准线，根据地面弹线，进行墙面贴灰饼、冲筋。 （4）基层抹灰：基层抹灰前应检查基层处理情况（如表面毛化处理等），底灰和中层灰用1:2.5水泥砂浆涂抹，并用抹子搓平呈毛面。在砂浆终凝之前，表面用扫帚扫毛。墙面抹灰层应分层施工，分层刮糙，每层厚度控制在7～9mm，面层抹灰应待底层砂浆达到一定强度，并吸水均匀后进行。	（1）高级抹灰立面垂直度允许偏差小于或等于3mm，普通抹灰立面垂直度允许偏差小于或等于4mm。 （2）高级抹灰表面平整度小于或等于2mm，普通抹灰表面平整度小于或等于4mm。 （3）高级抹灰阴阳角方正允许偏差小于或等于2mm，普通抹灰阴阳角方正允许偏差小于或等于4mm。 （4）高级抹灰分格条（缝）直线度允许偏差小于或等于3mm，普通抹灰分格条（缝）直线度允许偏差小于或等于4mm。 （5）高级抹灰墙裙、勒脚上口直线度允许偏差小于或等于3mm，普通抹灰墙裙、勒脚上口直线度允许偏差小于或等于4mm	（1）高空作业时，应检查脚手架是否稳固，特别是大风或雨后作业。 （2）对脚手架不牢固之处和跷头板等及时处理，要铺有足够的宽度，以保证手推车运灰浆时的安全。 （3）严格控制脚手架施工荷载。 （4）禁止用木料、模板等作为立人板

续表

编号	工艺名称	工艺流程	工艺标准及施工要点	验收标准	安全要点
7	抹灰工程		（5）抹水泥砂浆面层：墙面刮糙完成后，抹水泥砂浆面层，厚度为 6～8mm。操作时先将墙面湿润，然后用砂浆薄刮一遍使其与中层砂浆黏结，紧跟着抹第二遍，达到要求的厚度，用压尺刮平找直，待其水分略干后，用铁抹子压实压光。施工过程中应严格控制水泥砂浆的配合比及水灰比。 （6）大面积外墙抹灰施工：柱、跺、墙面、门窗洞口、勒脚等处要在抹灰前拉水平和垂直两个方向的通线，找好规矩，包括四角挂垂直线、大角找方、拉通线贴饼。墙面有分格缝要求时，应在中层分格弹线，贴分格条时要四周交接严密，横平竖直，接搓要整齐。外墙抹灰应由屋檐自上往下进行，刮尺刮平，待水分略干时用抹子抹平、压光。 （7）抹灰细部处理：分格条粘贴外墙面刮糙完成后，墙面弹线、分格，将墙面分格条、滴水线条等粘贴完成，并浇水养护。抹灰分格条的设置应符合设计要求，宽度和深度应均匀，表面光滑，棱角整齐。墙面塌饼、贴分格条。窗台、阳台、挑檐等凸出墙体的部位，应做滴水线（槽），流水坡度、滴水线（槽）应顺直、内高外低，滴水线（槽）宽度和深度均不应小于 10mm。 （8）洞口部位修整：抹面层砂浆完成前，应对预留洞口及电气箱、槽、盒等边缘进行修补，将洞口周边修理整齐、光滑，残余砂浆清理干净。 （9）踢脚线：墙面踢脚线为 1:3 水泥砂浆基层刮糙，1:2.5 水泥砂浆面层，如踢脚线为石材，墙面粉刷则按石材踢脚线高度留出空隙，在石材踢脚线施工前完成刮糙		
8	门窗工程	1．施工准备 2．门窗检查校正 3．门窗框安装 4．门窗扇安装 5．成品保护	（1）施工准备： 1）门窗材料准备。铝合金、钢、木、复合材料门窗所选用的材料质量要符合国家标准的规定。铝合金型材表面处理为：阳极氧化膜厚度大于或等于 10μm；阳极氧化复合表膜厚度大于或等于 7μm；铝合金门窗制作型材壁厚不小于 1.4mm。 2）附件材料准备。按设计要求加工玻璃，选用纱窗；密封条选用橡胶条或橡塑条；密封材料可选用硅酮胶、聚硫胶、聚氨酯胶等；其他如防腐材料、保温材料、嵌缝材料、焊条、防锈漆、螺钉、铝制拉铆钉、连接铁板、地弹簧、玻璃尼龙毛刷、压条、橡皮条、玻璃条、锁、防脱落装置、门吸等材料应准备齐全。 3）技术准备。做好图纸会审工作。施工前，每个分项工程必须分级进行施工技术交底。技术交底内容要充实，具有针对性和指导性。全体施工人员应参加技术交底并签名，形成书面交底记录。	（1）钢门窗安装工程质量标准： 1）门窗槽口对角线长度偏差为：高级小于或等于 2mm，普通小于或等于 3mm。 2）门窗框的正、侧面垂直度允许偏差小于或等于 2mm。 3）门窗框、扇配合间隙的留缝限值允许偏差小于或等于 2mm。 4）无下框时门扇与地面留缝限值允许偏差。外门为：高级 5～6mm；普通 4～7mm。内门为：	（1）独立悬空作业时，必须拴好安全带，不准手夹住玻璃，手攀登扶梯上下。 （2）安装窗扇玻璃时，不得在垂直方向上、下两层同时作业，以避免玻璃碎片掉落伤人。 （3）门窗等安装好的玻璃应平整牢固，不得有松动现象，并在安装完后，应随即放好挂钩或插销，以防止风吹落伤人。 （4）严禁攀附窗框，身体悬空外墙作业

续表

编号	工艺名称	工艺流程	工艺标准及施工要点	验收标准	安全要点
8	门窗工程		（2）门窗检查校正：进场检查及试验，铝合金门窗应检查合格证、原材料产品质量证明书；窗进场成品需做抗风压、水密性和气密性试验；检查门窗品种、类型、规格、尺寸、性能、开启方向应符合设计要求，门窗应采用塑料胶带粘贴保护，门窗应分类侧放，防止受力变形。外窗按要求设置滴水线（槽）；外窗台应低于内窗 10mm，并向外按20%放出坡度。 （3）门窗框安装： 1）弹线找规矩。按图纸要求尺寸在各层门窗洞口处弹出窗框水平及垂直控制线，对偏位门窗、洞口进行剔凿处理。根据弹线，进行门窗洞口刮糙，门窗框居中安装，按外墙塌饼同一尺寸进行安装。 2）防腐处理。应按设计要求处理，设计无要求时，门窗侧边与墙体连接部位可涂刷橡胶型防腐涂料或涂刷聚丙乙烯树脂保护装饰膜。采用铁件连接的固定件，应进行防腐处理，连接件宜采用不锈钢或铝制连接件。连接件间隔距离不大于 500mm。 3）就位和临时固定。根据找好的规矩安装门窗，并及时将其吊直找平，在其安装位置正确后，用木模临时固定。 4）修饰、固定、附件安装。在墙体预埋混凝土上采用电锤钻孔，将塑料膨胀管插入孔内，窗连接件采用螺栓拧入膨胀管内固定，连接件应内外交错布置。门窗装入洞口应横平竖直，外框与洞口应弹性连接牢固，不得将门窗外框直接埋入墙体。安装密封条时应留有伸缩余量，一般比门窗的装配边长20～30mm，在转角处应斜面断开，并用胶粘剂粘贴牢固，以免产生收缩缝。门框下部要埋入地面深 30～150mm。 5）门窗框与墙体间空隙填充。门窗框与墙体间空隙采用发泡材料填充密实，防止漏水。门窗框外侧和墙体室外二次粉刷应预留5～8mm 深槽口用硅硐膏密封。 6）后塞门窗框。后塞门窗框前要预先检查门窗洞口的尺寸、垂直度及木砖数量，如有问题，应事先修补好；门窗框采用钉子与墙内的预埋木砖固定，每边的固定点不少于两处，其间的距离不大于 1.2m。 （4）门窗扇安装： 1）木门窗扇的安装。安装应检查门窗扇的型号、规格、质量是否符合要求，安装前根据门窗框的高低、宽窄尺寸。然后在相应的扇边上画出高低、宽窄的线，双扇门窗要打叠（自由门除外）。应在中间缝处画出中线，再画出边线，并保证挺宽一致，上下冒头也要画线刨直；用粗刨刨去线外部分，再用细刨刨至光滑平直，使其符合设计尺寸要	高级 6～7m；普通 5～8mm。卫生间门为：高级 8～10mm；普通 8～12mm。 （2）铝合金门窗安装工程质量标准： 1）门窗槽口宽度、高度小于或等于 1500mm 时允许偏差为±1.5mm；大于 1500mm 时允许偏差为±2mm。 2）门窗槽口对角线长度小于或等于 2000mm 时允许偏差小于或等于 3mm；大于 2000mm 时允许偏差小于或等于 4mm。	

续表

编号	工艺名称	工艺流程	工艺标准及施工要点	验收标准	安全要点
8	门窗工程		求；扇放入框中试安装合格后，按扇高的1/10～1/8，根据合页尺寸及安装位置在框上画线，剔出合页槽。槽的尺寸一定要与合页形状相适应，槽底要平。 2）玻璃安装。根据门、窗扇尺寸，计算下料尺寸玻璃切割时，玻璃与扇形保留一定的空隙；玻璃就位后，将橡皮条嵌入凹槽挤紧玻璃，然后在封条上面注入密封胶，玻璃放入凹槽中间，内外两侧的间隙宽度不小于2mm，玻璃下部应用垫块将玻璃垫起。 3）门窗扇安装。木门扇安装前先确定门的开启方向及小五金型号和安装位置，然后检查门口尺寸是否正确，边角是否方正，有无窜角，检查门口高度，在扇的相对部位定位放线。根据门窗框口净尺寸修刨木门扇边木，扇入框试配合格后，其铰链位置由相同的门铰链位置模具尺统一划线，剔槽后再安装门扇。铝合金窗应先安装内扇，后安装外扇。旋转调整螺钉，调整滑轮与下框的距离，使毛条压缩量为1～2mm。 4）门窗扇附件安装。门窗扇安装完成后，应安装锁及拉手等附件，铝合金窗还应特别注意安装防脱落装置。在门窗扇木节处或已填补的木节处，均不得安装小五金；装合页、插销等小五金时，用锤将木螺钉钉入1/3的长度后，应改用起子将木螺钉拧紧，不得拧歪、倾斜。在安装时，应先钻2/3深度的孔，孔径为木螺钉直径的0.9倍，然后将木螺钉由孔中拧入；合页距门窗上下端应取立挺高度的1/10，并避开上下冒头，且合页位置、数量应符合规范要求。门窗安装后应开启灵活。门拉手安装距地面900～1050mm，门锁位置一般高出地面900～950mm，门拉手安装应里外一致；锁不宜安装在中冒头与立挺的接合处，以防伤樵。门窗扇为外开时，L铁、T铁安装在里面，内开时安装在外面；下插销要安装在挺宽的中间，如采用暗插销，则应在外挺上剔槽。 （5）成品保护：施工时要加强保护，不允许随意撕掉门窗框表面所贴的保护膜。在交叉作业中，应采用木档或其他物件进行保护，以免钢管及其他硬物碰坏门窗框。推拉门安装完成后，下槛内外两侧需加斜形木板或采用其他保护措施，以免搬运小车损坏下槛。内外墙抹灰完成后才能将门窗框保护膜撕去，保护膜的胶质物在型材表面如留有胶痕，宜用香蕉水清理干净。涂刷工程施工前，应在门窗边框四周贴上美纹胶纸，防止涂料及油漆对门窗框二次污染	3）门窗框的正、侧面垂直度允许偏差小于或等于2.5mm。 4）推拉门窗扇与框搭接量允许偏差为±1.5mm。 （3）塑料门窗安装工程质量标准： 1）门窗槽门宽度、高度小于或等于1500mm时允许偏差为±2mm；大于1500mm时允许偏差为±3mm。 2）门窗槽口对角线长度小于或等于2000mm时允许偏差小于或等于3mm；大于2000mm时允许偏差小于或等于5mm。 3）门窗框的正、侧面垂直度允许偏差小于或等于3mm。 4）同柜平开门窗相邻扇高度允许偏差小于或等于2mm，平开门窗铰链部门配合间隙允许偏差为+2～−1mm，推拉门窗扇与框搭接量允许偏差为+1.5～2.5mm，推拉门窗扇与竖框平行度允许偏差小于或等于2mm	

续表

编号	工艺名称	工艺流程	工艺标准及施工要点	验收标准	安全要点
9	屋面工程	1. 施工准备 2. 屋面找平层 3. 屋面保温层 4. 铺贴防水卷材 5. 屋面卷材胶粘法施工 6. 保护层施工 7. 上人屋面 8. 雨落管 9. 蓄水试验	（1）施工准备： 1）材料准备。防水卷材、胶粘剂及配套材料应有合格证，并经见证取样，试验合格。水泥采用 32.5 号以上的普通硅酸盐水泥和硅酸盐水泥，质量符合国家标准的规定；石子料级配良好，粗骨料粒径为 5～15mm，含泥量不大于 1.0%，细骨料级配良好，采用中砂、基层处理剂等。 2）技术准备。做好图纸会审工作；施工前，每个分项工程必须分级进行施工技术交底。技术交底内容要充实，具有针对性和指导性；全体施工人员应参加技术交底并签名，形成书面交底记录。 3）基层处理。应检查设计泛水坡度、方向；所有管道、避雷设施全部安装完毕，并通过验收；所有阴阳角、管根抹成圆角；做好挑沿、女儿墙、人孔、沉降缝等防腐木砖，沉降缝顶要做坡以利于铁皮封盖。施工前应检查、清理基层，基层清理验收合格后方可施工。屋面保温材料的质量符合设计要求和施工验收规范的规定，并应有质量验收证明文件，文件中应注明粒度、堆积密实及表观密度、含水率、导热系数，板状材料尚须注明厚度、几何尺寸。 （2）屋面找平层：找平层施工前应检查结构层的质量及排水坡度、天沟和水落口的标高、管道和预埋件等的施工质量并验收合格。根据屋面设计坡度及找平层厚度做好塌饼，并做好分格缝（找平层分格应与排气槽重合，分格宽度不宜大于 6m。采用上宽下窄梯形木条分格）施工前，基层应清理干净，并充分湿润。铺浆前刷素水泥浆一道，随刷随铺。铺浆时应掌握好砂浆稠度，已拌好砂浆应及时用完，一个分格内砂浆要一次性铺完，不留施工缝。找平层表面不少于 3 遍压光，压光完成后，表面不应有漏压、凹坑、死角、砂眼，最后一遍抹光应在水泥砂浆终凝前完成。砂浆找平层洒水养护不少于 7d。分隔缝内应清理干净，并采用油膏嵌缝。 （3）屋面保温层：板块保温层铺设前应满涂胶结材料，与基层之间相互粘牢，板块材料应铺平、铺实，分层铺设时应上下接缝错开。现浇整体保温材料应根据屋面设计坡度、厚度施工。保温层容易吸水，且不容易挥发，保温层施工完成后，应及时抹水泥砂浆找平层。如保温层含水率过高，应待水分充分挥发后再施工找平层。保温层必须设置排气槽，排气槽宜设置在屋面板的端头接缝处、转角处。排气槽宽度设置在 50～70mm，纵横间距不宜大于 6m。	（1）屋面不得有渗漏现象。 （2）排气孔留设正确，细部粘贴牢固。 （3）粘贴方向正确。 （4）防水搭接宽度大于或等于 100mm	（1）屋面临边施工时，要有可靠的安全保障，方可施工。 （2）卷材防水施工时，需要动用明火作业。施工前要找有关部门办理动火证，并在施工过程中有专人看护。 （3）遇 5 级以上大风天气，不得进行屋面防水层的施工。 （4）对人体有害的防水材料（如聚氨酯），施工时要特别注意，要保证有良好的通风作业场地，施工人员要配备必要的防毒面具。同时，施工人员不要长时间作业，在作业时要派专人现场巡视，检查是否有中毒现象

续表

编号	工艺名称	工艺流程	工艺标准及施工要点	验收标准	安全要点
9	屋面工程		（4）铺贴防水卷材： 1）铺贴防水卷材前首先要做好附加层的施工，卷材防水一般采用胶粘剂，热溶或冷粘贴于屋面基层。 2）屋面特殊部位的附加增强层和卷材铺贴要求。檐口位置应将端头的卷材裁齐后压入凹槽内，然后将凹槽用密封材料嵌填密实。例如用压条或带垫片的钉子固定，钉子钉入凹槽内，钉帽及卷材端头压条上下口用密封材料封平。 3）天沟、檐口、卷材铺贴前，应对水落口进行密封处理，在埋设水落口杯时，水落口杯与竖向插口的连接处应用密封嵌填密实，防止该部位在暴雨时产生倒水现象。水落口周围直径 500mm 范围内用防水涂料或密封材料涂封作为附加增强层，厚度不小于 2mm。由于天沟、檐口部位水流量较大，在转角处用密封材料密封，每边宽度不小于 300mm，干燥后增添一层卷材或涂刷涂料作为附加层。天沟、檐口铺贴卷材应从沟底开始，顺天沟从水落口向分水岭方向铺贴。铺至水落口的各层卷材和附加增强层均应粘贴在杯口上，用雨水罩的底盘将其压紧，底盘与卷材间满涂胶结材料。变形缝处附加墙与屋面交接处的泛水部位应增加附加增强层。排气孔与伸出屋面的管道阴角处两层附加增强层，上部剪开交叉贴实，上端用细铁丝扎牢，用密封材料密封，阴阳角处用密封材料密封，再铺贴一层卷材附加层。 4）防水卷材施工前应检查基层，基层表面应洁净、平整、坚实，不应有起砂、开裂、空鼓等现象，表面干燥，含水率不应大于 9%。 5）卷材的层数、厚度应符合设计要求。多层铺贴时接缝应错开，铺贴时随放卷材随用喷枪加热基层和卷材的交接处，喷枪距加热面 300mm 左右，经往返均匀加热，趁卷材的材面刚刚熔化时，将卷材向前滚铺、粘贴。 6）卷材应平行屋脊从檐沟处往上铺贴，双向流水坡度卷材搭接应顺水流方向进行。长边及端头的搭接宽度均为 80mm，且端头接搓要错开 50mm。卷材配制应减少阴阳角处的接头。铺贴平面与立面相连接的卷材，应由下向上进行，使卷材紧贴阴阳角，铺展时对卷材不宜拉得太紧，卷材完成后不得有皱褶、空鼓现象。		

续表

编号	工艺名称	工艺流程	工艺标准及施工要点	验收标准	安全要点
9	屋面工程		（5）屋面卷材胶粘法施工：基层应涂刷基层处理剂，涂刷应均匀，待基层处理剂基本干燥后，顺卷材摊铺方向弹线，将卷材摊开，卷材折叠背面朝上，将调制好的胶粘剂均匀涂刷在屋面基层及卷材背面，涂刷均匀一致，并进行晾干，但卷材搭接部位不得涂胶。胶粘剂晾干后，反转卷材沿弹好的标准线进行粘贴。铺贴的卷材不宜拉得太紧，每铺完一幅卷材，应立即用压辊沿卷材中间向两端棍压，排除粘贴层空气，卷材内不得有空鼓及粘贴不牢的现象，卷材搭接封口处采用专用封口胶封闭。卷材铺设应从最低处往最高处施工，且尽量减少搭接接头。 （6）保护层施工：屋面防水保护层一般采用豆石防水面层或面层涂铝销漆保护层。女儿墙泛水之上至压顶部分，采用抹灰刷涂料施工工艺，以增强美观效果。 （7）上人屋面：主控楼若有上人屋面，在防水卷材层施工完成、蓄水试验合格后，进行屋面刷毛，然后用 1：2.5 干硬性水泥砂浆做铺贴层，泼浆粘贴屋面砖。根据屋面情况留设伸缩缝，宽度为 2cm 左右，伸缩缝间距不大于 6m，缝间填塞密封膏。 （8）雨落管：屋面雨水口及雨水斗按设计要求进行安装，雨落管安装必须牢固美观，散水以上 1.8m 处应采用锁锌钢管，管径同上段，并喷漆防腐。 （9）蓄水试验：蓄水应高出屋面最高点 5cm，静置时间不少于 24h，不得有渗漏现象。上人贴砖屋面需做二次蓄水试验		
10	吊顶工程	1. 施工准备 2. 设计、排版、弹线 3. 吊件安装 4. 龙骨安装 5. 面板的预选、加工及安装 6. 压条安装	（1）施工准备： 1）材料准备。包括龙骨、配件、吊杆、拉铆钉、面板等，检查原材料型号、规格、尺寸出厂合格证等。 2）技术准备。做好图纸会审工作。施工前，每个分项工程必须分级进行施工技术交底，技术交底内容要充实，具有针对性和指导性。全体施工人员应参加技术交底并签名，形成书面交底记录。 （2）设计、排版、弹线。根据图纸要求及空间具体尺寸，对室内吊顶进行设计、排版，在房间四周墙体弹出顶棚水平线；对吊顶吊杆间距进行划分、弹十字线。排版安装以中心对称原则向两边分，但两边不得出现小于 1/2 块的面板。 （3）吊件安装。按顶棚弹线尺寸安装吊杆。根据吊顶设计图和起拱要求，将可调节金属吊杆与角钢块的孔固定，吊杆间距不大于 1200mm，吊杆距主龙骨端部不大于 300mm，吊杆高度大于 1.5m 时应增加斜向支撑，吊杆按房间短向跨度的 1%～3%起拱。 （4）龙骨安装：	（1）表面平整度允许偏差：石膏板小于或等于 3mm；金属板小于或等于 2mm；矿棉板小于或等于 2mm；木板、塑料板、格栅小于或等于 2mm。 （2）接缝直线度允许偏差：石膏板小于或等于 3mm；金属板小于或等于 1.5mm。矿棉板小于或等于 3mm；木板、塑料板、格栅小于或等于 3mm。 （3）接缝高低差允许偏差：纸面石膏板小于或等于 1mm；金属板小于或等于 1mm；矿棉板小于或等于 1.5mm；	（1）吊顶工程作业时，脚手架及脚手板铺设应牢固稳定，使用人字梯时，应将中间拉绳系牢。 （2）多工种交叉作业时，应注意上下工序的配合，不得往外扔掷材料和工具等物件，以免伤人。 （3）施工用的临时马道应架设或吊挂在结构受力件上，严禁以吊顶龙骨作为支撑点。 （4）吊顶的主、副龙骨与结构面要连接牢固，防止吊顶脱落伤人。 （5）吊顶下方不得有其他人员来回行走，以防掉物伤人

续表

编号	工艺名称	工艺流程	工艺标准及施工要点	验收标准	安全要点
10	吊顶工程		1）安装主龙骨。主龙骨安装时采用与主龙骨相配套的吊件和吊杆连接。主龙骨与吊杆固定时，应用双螺母在螺杆穿过部位上下固定，然后按标高线调整主龙骨的标高，使其在同一水平面上。主龙骨接头不允许在同一直线上，应相互错开，靠边龙骨与墙体固定。 2）安装边龙骨。设标高线固定边龙骨的底面与标高线齐平；边龙骨的固定方法可以用水泥钉直接钉在墙、柱面或窗帘盒上，固定位置的间隔距离为400～600mm。 3）安装次龙骨。按装饰板材的尺寸在主龙骨底部划线，用挂件固定，并使其固定牢固，不得有松动，吊挂件安装方向应交错进行。遇有送风口、照明灯具及下部有轻钢龙骨的墙体时，应在吊顶相应部位按设计节点详图附加布设中龙骨或小龙骨。 （5）面板的预选、加工及安装：为了保证吊顶饰面的完整性和安装可靠性，在确定龙骨位置线后，需要根据板材尺寸规格及吊顶面积来安排骨架的结构尺寸，四周靠墙边缘部分不符合板材的模数时，局部进行材料加工，确保板材组合的图案完整，四周留边尺寸对称均匀。如遇管道，面板应按管道形状安装，严密美观。面板安装前应进行材料预选，材料的型号、规格、厚度和平整度不合格时要剔除，变形材料要进行校正，面板安装前要进行排版，安装时按照设定好的板块布置线，从一个方向（大面）向另一个方向依次安装。应预先考虑灯具、空调及设备检修口，检修口应做成活动盖。吊顶的检修口板，便于检修。 （6）压条安装：靠墙周边采用压条固定，压条固定应平直，接口严密、不得翘曲	木板、塑料板、格栅小于或等于1mm。 （4）吊顶四周水平允许偏差为±5mm	
11	地面和楼面工程	1．施工准备 2．设计、排砖 3．扫浆、铺贴 4．勾缝、擦缝 5．养护 6．镶贴踢脚板 7．成品保护 8．防静电活动地板	（1）施工准备： 1）材料准备。石材、面砖等板块材料表面应洁净、图案清晰、色泽一致、边缘整齐、大小一致、厚度均匀、周边顺直。天然大理石和花岗岩板材的技术等级、光泽度、外观应符合《天然大理石建筑板材》（JG79—2001）、《天然花岗石建筑板材》（JG205—1992）的规定。大理石不得受雨淋、水泡、曝晒，采用立放形式，光面相向，板材下部垫木块，只堆放一层，运输时防止与其他物件相撞。 2）技术准备。做好图纸会审工作。施工前，每个分项工程必须分级进行施工技术交底。技术交底内容要充实，具有针对性和指导性，全体施工人员应参加技术交底并签名，形成书面交底记录。 3）基层处理。基层表面的浮土和砂浆应清理干净，有油污时，应用10%时的火碱水刷净，并用压力水冲洗干净。	（1）板块面应坚实、平整、洁净，缝格顺直，不应有空鼓、松动、脱落和裂缝、污染现象。有泄水要求的地面、楼面，坡度符合设计要求，地面无积水，与地漏、管道根部接合处严密牢固，无渗漏。楼梯踏步和台阶缝隙宽度应一致，相邻两步高度差不超过5mm，防滑条顺直，地面镶边用料及尺寸符合设计要求和施工规范要求，边角整齐、光滑。	(1)夜间施工地面要有足够的照明，不得随便移动临时照明线。 (2)在室内推运输小车时，特别是在过道中拐弯时要注意小车把挤手。 (3)脚手架材料及脚手架的搭设必须符合规范要求。 (4)避免上下垂直作业，分层作业时，应设置隔离设施。 (5)凡在2m以上悬空作业的人员必须系好安全带，若悬空作业点没有挂安全带的条件，应设置安全拉绳或安全栏杆等

续表

编号	工艺名称	工艺流程	工艺标准及施工要点	验收标准	安全要点
11	地面和楼面工程		4）其他准备。墙四周弹好+50cm水平线；地面防水层完成，蓄水试验无渗漏，隐蔽验收合格；穿楼地面的管洞封堵密实；楼地面垫层完成，主控楼房间较多时，应测出每层每个房间的地面标高，结合铺贴情况调整±50cm水平线。 （2）设计、排砖：根据现场实测，绘制出各房间准确尺寸图。综合考虑房间实际尺寸、中心线位置、板材规格、纹理图案、埋件位置及相连通房间的走廊板材拼接等要求，在计算机上进行模拟排块设计，绘制“排块设计图”。应注意，每边不宜有两列非整砖，且非整砖宽度不小于1/2整砖。按照“排块设计图”，使用大型专用切割刀具对需切割板材及异形板材进行加工，保证切割后的边角光滑、细腻。所有板材加工完成后，按“排块设计图”将不同花纹、不同拼花式样的板材预先编号。镶贴时，严格按编号顺序施工。 （3）扫浆、铺贴： 1）板材铺贴前，应对地面基层进行湿润，刷水灰比为0.5的水泥素浆，随刷随铺干硬性砂浆接合层，从里往外、从大面往小面摊铺，铺好后用大杠尺刮平，再用抹子拍实找平。接合层砂浆干硬程度以手捏成团、落地即散为宜。板材应先试贴，先将板材按通线平稳铺下，用橡皮锤垫木块轻击，使砂浆密实，缝隙、平整度满足要求后，揭开板块，发现接合层不密实有空隙时，应填砂浆搓平，在板材背面批厚8～10mm的素水泥浆，正式铺贴。 2）按设计确定接合层厚度，并拉十字线控制接合层的厚度及表面平整度，用橡皮锤均匀轻击板面，找直、找平。每铺好一块，使用水平尺、直尺检查，板材拼缝处用手触摸检查。为防止铺贴后接合层表面有反碱现象发生，天然石材铺贴前，应采用防碱背涂处理剂进行背涂处理。卫生间排版设计时应将蹲便器和地漏设置在板块中间。 （4）勾缝、擦缝：板块铺完2d后，使用1：1水泥色浆勾缝。水泥色浆先按石材颜色要求在水泥中加入矿物颜料进行调制。灌浆1～2d后，用棉纱及其他擦布蘸色浆擦缝，黏附在板面上的浆液随手用湿纱头擦干净。 （5）养护：板块铺完24h后，表面撒上干净锯末保护，喷水养护，时间不少于7d，待接合层的水泥砂浆达到设计要求后，经清洗、晾干后，方可打蜡擦亮。 （6）镶贴踢脚板：踢脚板用板块，一般采用与地面块材同品种、同规格、不同颜色的材料，踢脚板的缝与地面缝形成通缝。铺设时应在房间的两端头阴角处各镶贴一块砖，	（2）地砖表面平整度允许偏差小于或等于2.0mm。 （3）缝格平直度允许偏差小于或等于2.0mm。 （4）接缝高低差允许偏差小于或等于0.5mm。 （5）踢脚线上口平直度允许偏差小于或等于1.0mm。 （6）板块间隙宽度允许偏差小于或等于1.0mm。 （7）地砖无破边损角、划痕等质量缺陷	

续表

编号	工艺名称	工艺流程	工艺标准及施工要点	验收标准	安全要点
11	地面和楼面工程		出墙厚度和高度应符合设计要求，并以此砖上边为标准挂线，开始铺贴。踢脚板浸湿晾干后，在背面抹厚度为8～10mm的1：2水泥砂浆，然后拉通长控制线粘贴，用木锤轻击密实，靠尺找直、找平，方尺找角。次日，用同色水泥浆擦缝。楼梯处踢脚板应裁割仔细，具体尺寸应逐块尺量获得。墙体刷涂料前，应采用美纹带粘贴在踢脚板上口，防止污染。 （7）成品保护： 1）切割地砖时，不得在刚铺贴好的砖面层上操作。面砖铺贴完成以后应撒锯末保护。 2）铺贴砂浆抗压强度达到1.2MPa时，方可上人进行操作，但必须注意油漆、砂浆不得放在板块上，铁管等硬器不得碰坏砖面层。喷浆时要对面层进行覆盖保护。 （8）防静电活动地板：控制室、继电保护室有时为防静电活动，其地板面层在施工中应注意以下要求： 1）金属支架应支承在坚实的基层上，基层应平整、光洁、干燥、不起灰。铺设活动地板的标高符合设计要求，铺设前应进行活动地板排版、设计。 2）选择符合房间尺寸的板块模数，如无法满足，非整块板不得有小于1/2的板块出现，且应放在房间阴角部位。 3）在墙体四周弹设标高控制线，依据标高控制线由外往里铺设，铺设时应规方，并预留洞口与设备位置。 4）先将活动地板各部分组装好，以基准线为准，固定支架的底座，连接支架和框架。根据标高控制线确定面板高度，带线调整支压螺杆。用水平尺调整每个支座的高度，使支架均匀受力。 5）活动地板为成品地板在支托调整好后可直接安装，活动地板应从相邻两边依次向外铺装，为保证平整，并可转动、调换活动地板位置，不得在地板下加垫。活动地板在墙边接漏、缝处，安装踢脚线覆盖。通风口等处采用异形活动地板安装。 6）活动地板完成后应做好成品保护，防止涂料二次污染，严禁对地板表面造成硬物损伤		

续表

编号	工艺名称	工艺流程	工艺标准及施工要点	验收标准	安全要点
12	外墙保温工程	1. 施工准备 2. 粘贴保温板 3. 保护层施工 4. 门窗洞口粘贴玻璃纤维网施工 5. 保护层养护	（1）施工准备：基层处理时，墙面应清理干净，清洗油渍、油灰等。根据要求在墙面弹出保温板粘贴控制线（竖向线、水平线）。保温块材和胶粘剂符合设计要求，并有合格证和质量证明文件。 （2）粘贴保温板： 1）粘贴保温板时，应自上而下水平铺设。竖向不应有通缝，错缝宽度不宜小于100mm。 2）粘贴板面尺寸，宽度一般为500mm，长度不应大于750mm。 3）保温板对缝应紧密，最大缝隙不超过3mm，垂直偏差不应大于3mm，板面平整度偏差不应大于3mm。 4）胶泥铺盖面积不应小于30%，且应点状均匀布胶，胶泥压实后的厚度控制在2～5mm，以保证粘接牢固。 5）保温板与墙面粘贴时，胶泥应与墙面同时接触，使胶泥与墙面粘贴紧密、均匀，并与粘贴完的保温板齐平，拼缝紧密，如遇一面粘贴不平，应立即取下重贴。 6）在外墙阳角和门窗洞口阳角两侧粘贴保温板必须相互粘接严密，边缘应满铺粘接胶泥。 7）在门窗洞口四角用整板切割后粘贴，保证保温板与门窗四角交接处无板缝。在窗口处，保温板应切割成L形。 （3）保护层施工： 1）保护层施工必须在保温层施工完毕，待粘贴胶泥强度达到60%后方可进行。 2）保护层的一般做法是根据玻璃纤维布的厚度可做成“一布二胶”（一层加强网，两层聚合物胶泥）或“二布三胶”（一层加强网，一层标准网，三层聚合物胶泥）。做保护层前应清净保温板面上的灰尘及附着物，对不平整的保温板缝进行铲平，然后在保温板面抹第一层粘贴胶泥。应按先上后下、先左后右的顺序施抹，施抹宽度为1.5倍玻璃纤维布的幅宽，将玻璃纤维布展开拉紧经纬向纤维后，用抹子将网布压入粘贴胶泥层，随之抹外层粘贴胶泥。“一布二胶”的厚度为3～4mm，“二布三胶”的厚度为5～6mm，面涂胶泥厚度为2mm。 3）在外墙阳角两侧100mm范围内应增做加强网布。 4）加强网粘接完成后，用钢钉加强固定，钢钉长度应满足保温板厚度，与结构墙体有效钉牢。 （4）门窗洞口粘贴玻璃纤维网施工： 1）在门窗洞口处粘贴玻璃纤维网布应卷入门窗口四周，并贴至门窗框为止。 2）在粘贴玻璃纤维网布时，严禁出现纤维松弛不紧，纤维错位、倾斜，网布外鼓、	（1）粘贴胶泥配比必须准确，点状布胶面积应符合布胶均匀的要求，粘贴胶泥厚度应符合要求，粘接强度应大于0.1MPa。 （2）保温层与基体或基层的粘贴，不应有空贴现象，保温板对缝应紧密，缝隙垂直度、平整度应符合要求。 （3）保护层的玻璃纤维网布，经纬向纤维不应倾斜，严禁网布外鼓，皱褶、搭接长度应符合要求，不应出现明显外露、显影、砂眼、接搓等痕迹。 （4）主要控制指标： 1）表面平整度偏差小于或等于3mm。 2）阴、阳角垂直度偏差小于或等于3mm。 3）阴、阳角方正度偏差小于或等于3mm。 4）立面垂直偏差小于或等于4mm。 5）分格条平直度偏差小于或等于4mm	（1）高处作业人员按规定系好安全带。安全帽、安全带、安全网的质量符合国家有关规定。 （2）电动吊篮的锚固或配重必须符合相关规定，严禁私自挪移或任意减少配重。 （3）施工用垂直运输设备必须符合规定，严禁用吊板、手动及自动吊篮进行外墙作业

续表

编号	工艺名称	工艺流程	工艺标准及施工要点	验收标准	安全要点
12	外墙保温工程		褶皱等现象。网布搭接长度水平方向不得小于70mm，垂直方向不得小于50mm。 3）最外层胶泥抹完后，严禁出现玻璃纤维外露，不得有明显的玻璃纤维网布显影及砂眼、抹纹、接搓等痕迹，表面应平整。 （5）保护层养护： 1）做保护层时任何部位严禁使用干水泥。 2）保护层施工时，严禁阳光曝晒，保护层终凝前严禁水冲。 3）保护层终凝后应及时喷水连续养生48～72h，在养生期间严禁撞击和震动		
13	墙体涂料工程	1．施工准备 2．基层处理 3．刮防水腻子找平 4．底层封底涂料 5．中层涂料 6．面层涂料 7．涂料清理及保护	（1）施工准备： 1）材料准备。所有涂料、胶水等材料应按照设计要求进货，并有合格证。涂饰工具准备齐全，水电满足施工要求。 2）涂刷前，检查墙面平整度，对于没有达到的局部墙面标出范围，待基层找平时处理，墙体及垂直度、平整度必小于3mm。 （2）基层处理： 1）待墙面干燥后，进行墙面孔洞及线槽修补（修补材料采用108胶水掺水泥，配合比为20:100）。 2）墙面裂缝采用封闭防水材料进行修补，墙面空鼓部分应将砂浆清除，再进行修补，对高低不平的砂浆面层进行打磨，以确保墙面平整。 3）对墙面污垢及油渍采用洗涤剂洗净，并扫除表面浮砂。 4）混凝土墙面不平整的部位，应使用聚合物水泥砂浆进行修补，石膏板连接处做成V形接缝，在V形缝中嵌填专用的掺合成树脂乳液的石膏腻子，并贴接缝带抹压平整。 （3）刮防水腻子找平：对混凝土墙面刮防水腻子找平，要求与基层粘接牢固，无分层空鼓现象，待干燥后用砂纸打磨平整光滑。 （4）底层封底涂料： 1）先局部样板施工，大面积涂刷应在样板验收合格后进行。在涂料滚涂前，进行涂料的稀释处理（按厂家要求处理）。稀释时掺水量应有专人计量。大面积墙面涂刷采用粗毛滚筒从上往下、分段分层进行，门窗等拐角部位应采用细毛刷进行涂刷。 2）涂刷施工前门窗框应用薄膜遮盖，以免污染门窗框，墙面滚涂应均匀，且不应漏涂。细部涂刷应采用美纹带粘贴，以防止污染，确保线条顺直。 （5）中层涂料：涂刷中层涂料时应在封底涂料完成并干燥后进行，分滚涂、拉毛两步进行。由于主层涂料较厚，采用专用滚涂工具进行施工，分段分层进行滚涂，可以从左往右或从上往下沿同一方向进行。对门窗及墙体拐角等滚涂不到的部位，进行点缀施	（1）涂料工程质量验收以观感为主，涂料的纹路应清晰，颜色均匀一致，应无泛碱、流坠、咬色、刷痕、砂眼，弹性涂料点状分布应疏密均匀，梁柱阴阳角线顺直清晰，门窗口线方正规整。 （2）装饰线条分色直线度允许偏差小于或等于1mm	（1）施工前应检查脚手架、架板是否搭设牢固，确认安全可靠后方可开始操作。 （2）在储存和使用溶剂型底涂料、面涂料及稀释剂之处，严禁烟火。 （3）配备必要的防护眼镜、防护面罩。 （4）施工及照明电器必须按电工安全规范安装接线，严禁随意拉线、接线。 （5）禁止穿拖鞋、底面光滑的鞋及高跟鞋在脚手架上工作

续表

编号	工艺名称	工艺流程	工艺标准及施工要点	验收标准	安全要点
13	墙体涂料工程		工。滚压后应做到涂料成形厚薄均匀，纹路、花点、大小均匀一致。表面立体感强，拉毛宜在墙面涂料稍干后进行，拉毛后应表面无流坠、色差、溅沫等现象。表面涂层应凸出一致，阴阳角部位涂料附着力强，隆起均匀，无明显疤痕。门窗侧边拉毛应均匀到位，无漏刷。 （6）面层涂料：面层涂料待中层涂料完成并干燥后进行，涂料应进行稀释，从上往下、分层分段进行涂刷。涂料涂刷后颜色均匀、分色整齐、不漏刷、不透底，每分格应一次性完成。各层涂料施工前，应检查门、窗、灯具、箱盒及其他易受污染的部位是否得到了有效保护，覆盖完整。 （7）涂料清理及保护：施涂前应清理周围环境，再进行涂饰，防止尘土飞扬污染涂料而影响涂饰质量。涂饰完成后，及时做好成品保护，防止二次污染		
14	饰面砖工程	1. 施工准备 2. 选砖、浸砖、基层处理 3. 分区、预排、设计绘大样 4. 弹出水平及竖向控制线 5. 面砖镶贴 6. 勾缝、擦缝 7. 表面清洁	（1）施工准备： 1）材料准备。根据设计要求，挑选品牌较好、规格一致，形状平整、方正，颜色均匀，无缺棱掉角、开裂、脱釉、翘曲的砖块和各种配件，安排专人按 1mm 的差距选出 3 种规格，分类归堆，便于使用。对室内花岗岩进行放射性试验，外墙陶瓷面砖的吸水率应进行试验，寒冷地区外墙陶瓷面砖还应进行抗冻性试验。水泥应采用 32.5 级普通硅酸盐水泥、硅酸盐水泥或矿渣水泥，砂为中粗砂，白水泥为 32.5 级白水泥。混凝土界面处理剂采用 108 胶。 2）技术准备。做好图纸会审工作。施工前，每个分项工程必须分级进行施工技术交底。技术交底内容要充实，具有针对性和指导性。全体施工人员应参加技术交底并签名，形成书面交底记录。 3）其他准备。基底必须经过验收无空鼓。墙面有防水要求的房间应做好防水处理。 （2）选砖、浸砖、基层处理：铺贴前，选用色泽一致、外观完整的面砖。根据砖体湿度，对砖体进行浸泡，并对铺贴的部位做好基层处理。 （3）分区、预排、设计绘大样：根据墙面抹灰后的尺寸，对整个建筑物进行分区，并对面砖的品种、规格、颜色、图案、排列方式、分格、墙面凹凸部位等使用计算机进行预排设计。按照“天地通”的原则进行排砖（墙面砖缝与地面砖缝在一条线上），预排时应注意非整砖宽度不得小于整砖高度或宽度的 1/3。门窗口两侧砖尽量对称，不得出现小于整砖高度或宽度的 1/3。	（1）满粘法施工的饰面砖工程应无空鼓、裂缝。饰面砖表面应平整、洁净、色泽一致，无裂痕和缺损。 （2）立面垂直度偏差：外墙面砖小于或等于 3mm，内墙面砖小于或等于 2mm。 （3）表面平整度偏差：外墙面砖小于或等于 4mm，内墙面砖小于或等于 3mm。 （4）内、外墙面砖阴阳角方正偏差均小于或等于 3mm。 （5）接缝直线度偏差：外墙面砖小于或等于 3mm，内墙面砖小于或等于 2mm。 （6）接缝高低差偏差：外墙面砖小于或等于 1mm，内墙面砖小于或等于 0.5mm。 （7）接缝宽度偏差：内、外墙面砖均小于或等于 1mm。	（1）在脚手架上作业，所用工具和材料要放置稳当不准乱扔，材料、工具应分散堆放，不准超荷堆放材料和水桶。跳板严禁搭在窗子、栏杆等成品上。注意对成品的保护。 （2）不准随意拆除、损坏脚手架与建筑物的拉结、回顶和卸荷措施，以及防风抗拔措施、塔吊、井架、施工等附着装置。 （3）严格正确使用劳动保护用品。遵守高处作业规定，工具必须入袋，物件严禁高处抛掷。 （4）悬空作业处应有牢靠的立足处，并视具体情况，配置防护网、栏杆或其他安全设施。在外脚手架下穿行要戴好安全帽，在高空危险处操作要系好安全带。 （5）脚手板上不允许多人集中在一起操作。禁止垂直交叉作业

续表

编号	工艺名称	工艺流程	工艺标准及施工要点	验收标准	安全要点
14	饰面砖工程		（4）弹出水平及竖向控制线：根据设计大样，弹出水平及竖向控制线。弹控制线时应与水电专业结合，预先做好水龙头、蹲便器冲水口、开关、插座等墙面设施，开关盒、管道等处应用整砖套割。套割应准确，边角圆顺。其位置必须在整块墙砖的中心，同一高度的必须在一条水平线上。 （5）面砖镶贴： 1）砖墙面要提前一天湿润好，混凝土墙可以提前3～4h湿润，瓷砖要在施工前浸水，浸水时间不少于2h，然后取出晾至手按砖背无水渍方可贴砖。 2）镶贴用1：2水泥砂浆，可掺入不大于水泥用量15%的石灰膏，砂浆内加入20%的108胶水，砂子采用中细砂过筛，施工环境温度宜在5℃以上。砂浆厚度为5～66mm，以铺贴后刚好满浆为止。 3）粘贴8～10块面砖后，用靠尺板检查表面平整并用卡子将缝拨直。阳角拼缝可用云石机或磨砂机将面砖边沿磨成45°斜角，保证接缝平直、密实。扫去表面灰浆用卡子划缝，并用棉丝拭净，贴完一面墙后要将横竖缝内灰浆清理干净。阴角应大面砖压小面砖，并注意考虑主视线方向，确保阴阳角处格缝通顺。厕所、洗浴间缝隙宜采用塑料十字卡控制。 4）室外面砖一般自上往下镶贴，根据墙面排版设计，在找平层上从上往下弹出水平及竖向控制线。根据墙面弹线及灰饼厚度，设置控制线。镶贴时，在面砖背面满铺粘接砂浆，镶贴后，用小铲把轻轻敲击，使之与基层粘接牢固，并用靠尺、方尺随时找平。贴完一皮后须将砖上口灰刮平，表面清理干净。 （6）勾缝、擦缝： 1）内墙瓷砖贴完3～4h后，用白水泥浆涂满缝隙，再用棉砂醮浆将缝隙擦平实，待稍有强度后，用熘子勾缝。熘子可采用宽度为3mm的不掉色塑料圆线，保证平滑凹缝宽度为1～2mm，但必须一致。彩色面砖可加适量颜料调成色浆擦缝。缝溜完后要浇水养护。 2）外墙面砖一般使用特制的钢筋钩勾缝，缝隙宽度控制在10mm左右，且不小于8mm。面砖镶贴完成一定流水段落后，立即用勾缝剂勾缝。先勾水平缝再勾竖向缝，勾好后要凹进面砖外表面3mm。 （7）表面清洁：工程完工后，内墙面采用浓度为10%的稀盐酸刷洗表面，并随手用水清洗，用棉丝进行清洁。外墙面可用丝绵醮稀盐酸加20%的水刷洗，然后用压力水冲净	（8）内墙砖与地砖对缝，墙面设施居中对称	

续表

编号	工艺名称	工艺流程	工艺标准及施工要点	验收标准	安全要点
15	平台、楼梯栏杆工程	1．施工准备 2．放线 3．预埋件安装 4．焊接立柱 5．焊接扶手 6．抛光	（1）施工准备： 1）材料准备。不锈钢栏杆的规格、尺寸、形状应符合设计要求，一般壁厚不小于1.5mm，以钢管为立杆时壁厚不小于2mm。 2）技术准备。做好图纸会审工作，施工前，每个分项工程必须分级进行施工技术交底。技术交底内容要充实，具有针对性和指导性，施工人员应参加技术交底并签名，形成书面交底记录。 3）机具准备。包括电焊机、焊机、焊丝、抛光机、抛光蜡、电锤、切割机、云石机、手提电钻、螺丝刀、方尺等。 （2）放线：按设计要求，将固定件间距、位置、标高、坡度进行找位校正，弹出栏杆纵向中心线和分格线。 （3）预埋件安装：应按立杆位置进行预埋，焊接前应检查预埋件的标高及位置。 （4）焊接立杆：焊接立杆与预埋件应放出上下两条立杆位置线，每根主立杆应先点焊定位，进行立杆垂直度检查之后，再分段满焊，焊缝符合设计要求及施工规范规定。焊接后应及时清除焊渣，并进行防锈处理。栏杆间距、安装位置必须符合设计及施工规范要求，护栏安装必须牢靠，其高度不得低于1050mm，且不应大于1200mm，同时应在底边设置高度为100mm的栏板。 （5）焊接扶手：焊接扶手时，应先点焊，检查位置间距、垂直度、直线度是否符合要求，再两侧同时焊满。焊缝一次不宜过长，防止钢管受热变形。方、圆钢管立杆焊接后，其位置间距、垂直度、直线度应符合质量要求。扶手平直段高度不得低于1050mm。 （6）抛光：不锈钢管表面抛光时应先用粗片进行打磨，如表面有砂眼不平处，可用氩弧焊补焊，大面磨平后，再用细片进行抛光。抛光处的质量效果应与钢管外观一致，方、圆钢管焊缝打磨时，必须保证平整垂直。经过防锈处理后，焊接焊缝及表面不平、不光处可用原子灰补平、补光，若是铁艺栏杆应按设计要求喷漆	（1）护栏垂直度允许偏差小于或等于2mm。 （2）栏杆间距允许偏差小于或等于3mm。 （3）扶手直线度允许偏差小于或等于4mm。 （4）扶手高度允许偏差小于或等于3mm	（1）现场机械设备必须要保证一个合闸控制一台机器，一台机器设置一个漏电保护器，所有用电设备必须保证好接地保护。 （2）严格正确使用劳动保护用品。遵守高处作业规定，工具必须入袋，物件严禁高处抛掷
16	室内给水工程	1．施工准备 2．给水管道预留、预埋 3．给水管道支架制作、安装 4．给水干管安装 5．给水立管安装 6．给水支管安装	（1）施工准备： 1）技术准备。做好图纸会审工作。施工前，每个分项工程必须分级进行施工技术交底。技术交底内容要充实，具有针对性和指导性。施工人员应参加技术交底并签名，形成书面交底记录。 2）材料准备。给水管道及管件质量标准应符合设计要求，锁锌管内外锁锌均匀，无锈蚀、无毛刺。消防系统管材无弯曲、锈蚀、凹凸不平等现象。消防栓箱体的规格与型号应符合设计图要求，箱体表面平整、光洁、无锈蚀划伤，箱体开关灵活，箱体方正、配	（1）生活给水系统管道在交付使用前必须冲洗和消毒，并经有关部门取样检验，符合《生活饮用水卫生标准》（GB 5479）的规定后方可使用。 （2）给水水平管道应有2‰～5‰的坡度坡向泄水装置。	（1）用锯床、锯弓、切管器、砂轮切管机切管子，要垫平卡牢，用力不得过猛，临近切断时，用手或支架托住。砂轮切管机砂轮片应完好，操作时应站侧面。 （2）套丝工作要支平夹牢，工作台要平稳，两人以上操作，动作应协调，防止柄把打人。

续表

编号	工艺名称	工艺流程	工艺标准及施工要点	验收标准	安全要点
16	室内给水工程	7. 给水管道压力试验 8. 管道防腐和保温 9. 管道冲洗 10. 管道通水试验 11. 水质检验	件齐全，栓阀外形规矩、无裂纹，启闭灵活，关闭严密，密封填料完好。水表规格符合设计图要求，表壳铸造规矩，无砂眼、裂纹，玻璃盖无损坏，铅封完整。阀门的规格符合设计要求，阀体铸造规矩，表面光滑、无裂纹，开关灵活，关闭严密，填料密闭完好、无渗漏，手轮完好、无损坏。阀门安装前，应做强度和严密性试验，试验应在每批（同牌号、同型号、同规格）数量中抽查10%，且不少于一个；对于安装于主干管上的阀门，应逐个做强度和严密性试验。乙烯给水管材、管件、支架、胶粘剂有产品合格证及说明书，管道规格尺寸应与卫生洁具连接适宜，并有产品合格证及说明书。管材内外表层光滑、无气泡、无裂纹，管壁厚度均匀、色泽一致，直管度不大于1%。管件造型规矩、光滑、无毛刺，承口应有锥度，并与插口配套。管材堆放时地面要平，如果上架应多设几个支点防止管子变形，冬季防止冻坏，夏季防止曝晒。 （2）给水管道预留、预埋：室内给水管道与土建同步进行预留孔洞及预埋件的施工。根据图纸要求，在土建绑扎钢筋时，将预埋模盒及套管用钢丝捆绑在钢筋上，经检查后，交土建进行模板施工，管模内采用纸团堵塞，安装模板及浇筑混凝土时，有专人看护，防止移位。 （3）给水管道支架制作、安装：给水管道的支架形式可分为吊架、托架和卡架三种。吊架和托架为水平管道上安装，而立管装设卡架。砖墙安装支架前应清除墙洞内灰尘，浇水湿润，将支架伸入墙上预留洞内，填塞用M5水泥砂浆，要填塞饱满。混凝土板面及混凝土墙、柱采用膨胀螺栓紧固支架。支架埋入墙内尺寸根据支架形式、管径而定，一般埋入150～200mm。预制支架要求除锈并刷防锈漆。 （4）给水干管安装： 1）给水管道的安装从总管入口开始，总管至水表井应有坡度，坡向水表井。 2）安装后找直、找正，复核甩口的位置、方向及变径。所有管口要加好临时丝堵。安装伸缩器按规定做预拉伸，待管道固定卡件安装完毕后，除去预拉伸的支撑物，调整好坡度。 3）埋地干管在回填土前进行水压试验，并做隐蔽验收。埋地干管不得有活接头，埋地管道回填时，采取保护措施。	（3）引入管与排出管水平净距大于或等于1m。 （4）平行敷设水平净距大于或等于0.5m。 （5）交叉敷设垂直净距大于或等于0.15m。 （6）消防箱应进行编号	（3）管子窜动和对口，动作要协调，手不得放在管口和法兰接合处。 （4）人工往沟内下管或往支架上管，所用索具、地桩必须牢固，沟槽内及吊物下不得有人。 （5）使用切割机时，首先检查防护罩是否完整，后部严禁有易燃物品，切割机不得代替砂轮磨物，严禁用切割机切割麻丝和木块。 （6）在高梯、脚手架上装接管道时，必须注意立足点的牢固性。用管子钳装接管时，要一手按住钳头，一手握住钳柄，缓缓板撤，不可用双手握住钳柄大力板撤，防止齿口打滑失控坠落。 （7）管道试压，应使用经校验合格的压力表。操作时，要分级缓慢升压，停泵稳压后方可进行检查。非操作人员不得在盲板、法兰、焊口、丝口处停留。管道吹扫、冲洗时，应缓慢开启阀门，以免管内物料冲击，产生水

续表

编号	工艺名称	工艺流程	工艺标准及施工要点	验收标准	安全要点
16	室内给水工程		（5）给水立管安装：每层从上往下统一安装卡件，将预制好的立管按编号分层校核预留甩口的高度、方向是否正确。外露丝扣和锁锌层破损处刷防锈漆，支管甩口处均加临时丝堵。立管阀门安装朝向应便于操作和维修，安装后用线坠吊直找正，配合土建堵好楼板洞。 （6）给水支管安装： 1）支管明装。将预制好的支管从立管甩口依次进行安装，根据管道长度适当加好临时固定卡，核定不同卫生器具的冷热水预留口的高度、位置是否正确后上临时丝堵。 2）支管暗装。支管敷设在墙内，找平、找正定位后再用勾钉固定，冷热水预留口做在明处，加丝堵。暗装管道应使用大小头变径，暗装管道不得有活接头。各分支管口应结合土建装修按照内墙砖排版设计，留设在整块砖居中对称位置。 3）水表安装。水表前后直线段超过 30cm 应煨弯，沿墙敷设。 4）消火栓及支管安装。支管以栓阀的坐标、标高定位甩口，栓口朝外，离地 110cm，栓阀装在箱体内时应在箱门开启的一侧，箱门开启应灵活。 （7）给水管道压力试验：暗装、保温的给水管道在隐蔽前应进行单项水压试验，管道系统安装完成后再进行综合水压试验。水压试验时应先放尽管道内的空气，待管道充满水后，对管道进行外观检查，检查管壁及接口无渗漏后，再持续加压，当压力升到试验值时停止加压（试验值为工作压力的 1.5 倍，但不得小于 0.6MPa），15min 不渗漏为合格。 （8）给水管道防腐和保温。给水管道的防腐均按设计要求及规范施工，所有型钢支架及管道锁锌层破坏处和外露丝扣要补刷防锈漆。给水管道的保温有管道防结露保温、管道防冻保温、管道防热损失保温三种形式。其保温材质及厚度均符合设计要求，质量达到国家规范的标准。 （9）管道冲洗。管道在试压完成后应进行冲洗，冲洗以设计提供的系统最大流量进行。用自来水连续冲洗，直至各出水口水色透明度与进水时目测一致为合格。 （10）管道通水试验。管道系统交付使用前必须做通水试验，同时开启最大数量的配水点，能否达到额定流量。 （11）水质检验。对于生活饮用水，应在首次通水管口接取水样，进行水质化验		

续表

编号	工艺名称	工艺流程	工艺标准及施工要点	验收标准	安全要点
17	室内排水工程	1．施工准备 2．排水管道预留、预埋 3．排水管道支架制作、安装 4．排水干管安装 5．排水立管安装 6．排水支管安装 7．排水管道灌水试验 8．卫生器具安装 9．通球试验	（1）施工准备： 1）技术准备。做好图纸会审工作。施工前，每个分项工程必须分级进行施工技术交底。技术交底内容要充实，具有针对性和指导性。施工人员应参加技术交底并签名，形成书面交底记录。 2）材料准备。阀门的规格符合设计要求，阀体铸造规矩、表面光滑、无裂纹、开关灵活、关闭严密，填料密闭完好、无渗漏，手轮完好、无损坏。阀门安装前，应做强度和严密性试验，试验应在每批（同牌号、同型号、同规格）数量中抽查10%，且不少于一个；对于安装于主干管上起切断作用的闭路阀门，应逐个做强度和严密性试验。硬质聚氯乙烯排水管材、管件、支架、胶粘剂有产品合格证及说明书，管道规格尺寸应与卫生洁具连接适宜，并有产品合格证及说明书。管材内外表层光滑，无气泡、裂纹，管壁厚度均匀、色泽一致，直管度不大于1%。管件造型规矩、光滑、无毛刺，承口应有锥度，并与插口配套。 （2）排水管道预留、预埋：室内排水管道与土建同步进行预留孔洞及预埋件的施工。预埋防水套管有刚性防水套管和柔性防水套管两种，应严格按设计执行。根据图纸要求，在土建绑扎钢筋时，将预埋模盒及套管用钢丝捆绑在钢筋上，经检查后，交土建进行模板施工，管模内采用纸团堵塞，安装模板及浇筑混凝土时，有专人看护，防止移位。 （3）排水管道支架制作、安装： 1）给排水管道的支架形式分为吊架、托架和卡架三种。吊架和托架为水平管道上安装，而立管装设卡架。管道安装时应根据设计要求定出支架形式、支架的位置，再按管道的标高及同一水平直管两点间的距离和坡度大小，算出两点间的高差，然后在两点之间拉直线，按照支架之间的间距，在墙的柱子上画出每个支架的位置。 2）砖墙安装支架前应清除墙洞内的灰尘，浇水湿润，将支架伸入墙上预留洞内。填塞用M5水泥砂浆，要填塞饱满。混凝土板面及混凝土墙、柱采用膨胀螺栓紧固支架。 3）支架埋入墙内尺寸根据支架形式、管径而定，一般埋入150～200mm。支架要求除锈并刷防锈漆，支架尾部埋墙部分为100mm，可以不刷防锈漆。U形卡的选用参照国家标准图集03S402。角铁的选用根据不同用途的管道按设计要求或采用国家标准图集03S402中规定的型钢规格。	（1）常用管道排水坡度： 1）铸铁管径为100mm，标准排水坡度为20‰，最小排水坡度12‰； 2）塑料管径为110mm，标准排水坡度为12‰，最小排水坡度为6‰。 3）铸铁管径为125mm，标准排水坡度为15‰,，最小排水坡度为10‰。 4）塑料管径为125mm，标准排水坡度为10‰，最小排水坡度为5‰）。 5）铸铁管径为150mm，标准排水坡度为10‰，最小排水坡度为7‰。 （2）立管垂直度小于或等于3mm/m	

续表

编号	工艺名称	工艺流程	工艺标准及施工要点	验收标准	安全要点
17	室内排水工程		（4）排水干管安装：按设计坐标、标高、坡向做好托、吊架。施工条件具备时，将预制加工的管子，按编号运至安装部位进行安装。各管子粘接时也必须按粘接工艺依次进行。管道全部粘连后，坡度均匀，各预留口位置准确。干管安装完成后应做闭水试验，出口应用充气橡胶堵封闭，做到不渗漏，5min内水位不下降为合格。托吊管粘牢后在近流水方向找坡度，最后将预留口封严和堵洞。地下埋设管道，根据图纸要求的坐标、标高，预留槽洞预埋套管，而后开挖沟槽并夯实，回填时应先用细砂回填至管道上皮100mm，回填土应过筛，夯实时勿碰损管道。 （5）排水立管安装： 1）立管按设计要求安装伸缩节，无设计要求时应按规范要求将伸缩节置于三通下方（如三通在楼板上面则置于三通上方）。立管穿楼板处固定，安装前首先清理上次已预留的伸缩节，将锁母拧下，取出U形胶圈，清理杂物，复查顶板洞口是否合适。立管插入端应先划好插入长度标记，然后用力插至标记为止（一般预留胀缩量为20～30mm）。顶板洞口合适后即用自制U形钢制抱卡紧固于伸缩节上沿。然后找正、找直，并测量顶板与三通口的距离是否符合要求，无误后即可堵洞，并将上层预留伸缩节封严。 2）立管伸缩节在楼层层高不大于4m时，排水立管和通气立管每层设一伸缩节；层高大于4m时，其数量应根据管道设计伸缩量和伸缩节允许伸缩量计算确定。 （6）排水支管安装： 1）横支管上伸缩节安装于三通汇流处上游。将支管运至场地，清除各粘接部位的污物及水分。将支管水平初步吊起，涂抹胶粘剂，用力推入预留管口，根据管道长度调整好坡度，合适后固定卡架，封闭各预留管口和堵洞。 2）器具连接管装。核查建筑物地面、墙面的做法、厚度。找出预留口坐标、标高。然后按准确尺寸修整预留洞口，分部位实测尺寸做记录，并预制加工、编号。安装粘接时必须将预留管口清理干净，再进行粘接，粘牢后找正、找直，封闭管口和堵洞。 3）明设排水横支管管径不小于110mm，接入管井处应采取防止火灾穿透的措施。直线管长大于2m时应设伸缩节，但最大净距不得大于4m。		

续表

编号	工艺名称	工艺流程	工艺标准及施工要点	验收标准	安全要点
17	室内排水工程		（7）排水管道灌水试验：埋地管道、管井内立管、吊顶内横支管及有防结露要求的管道在隐蔽前需进行灌水试验。灌水高度以排水水平横管至上层地面高度为准，灌水15min后，再次灌水持续观察5min，液面不下降、不渗漏为合格。卫生间支管灌水试验，将气囊安设在检查口上方（无检查口的将气囊接根5m长的气管，将气囊从上层检查口慢慢往下放，放至三通下方即可），试压后办理工序交接手续及隐蔽检验手续。 （8）卫生洁具安装： 1）卫生洁具的安装应布置好冷热水和排水管的接口位置，卫生洁具进场时要验收，检查外表应光滑、造型周正、边缘平滑、无棱角毛刺、无裂纹、色调一致，零配件外表光滑、电锁均匀、螺纹清晰，锁母松紧适度、无砂眼、无裂纹。 2）卫生洁具安装要平、稳、牢、准、不漏，使用性能良好，在安装前应与土建装修结合，保持卫生洁具与砖的对称性，卫生洁具应进行满水和通水试验，不渗漏为合格。做满水排泄试验时，卫生洁具应放满水，达到溢水之后，检查溢水口是否通畅。 3）排水栓和地漏应平正、牢固，低于排水表面，周边无渗漏。地漏水封高度不得小于50mm。地漏应安装在整块地砖的中心。 （9）通球试验：卫生洁具做完满水排泄试验后进行通球试验，用轻质易碎塑料球，其外径为管道内径的2/3～3/4。干管通球时，放球地点在首层立管检查口，室外排水井已做好，接球地点在室外。通球时，撤除立管内防堵子，在排水立管首层扫除口处设铁线网接球，从屋面透气帽处放入塑料球，通球完毕后各敞口处封堵，防止土建装修掉入杂物		
18	室外给排水工程	1. 施工准备 2. 沟槽开挖与验收 3. 给排水管道基础 4. 管道铺设 5. 雨水井及检查井施工 6. 给水管道压力试验、排水管做灌水试验 7. 给排水管道土方回填	（1）施工准备： 1）材料准备。锁锌给水管及管件质量标准应符合《低压流体输送用焊接钢管》（GB/T 3091）的规定，其规格符合设计要求，管内外锁锌均匀，无锈蚀、无毛刺。水表规格符合设计图要求，表壳铸造规矩，无砂眼、裂纹，玻璃盖无损坏，铅封完整。阀门规格符合设计要求，阀体铸造规矩、表面光滑、无裂纹、开关灵活、关闭严密，填料密闭完好、无渗漏，手轮完好、无损坏。硬质聚氯乙烯管材、管件、支架、胶粘剂有产品合格证及说明，管材内外表层光滑，无气泡、裂纹，管壁厚度均匀、色泽一致，管件造型规矩、光滑、无毛刺。 2）技术准备。做好图纸会审工作。施工前，每个分项工程必须分级进行施工技术交底。技术交底内容要充实，具有针对性和指	（1）按照《电力建设施工质量验收及评定规程第1部分：土建工程》（DL/T5210.1）进行质量验收。 （2）管基按设计要求施工，管道连接顺直，坡度符合设计及规范要求。 （3）检查井砌筑美观，内部抹灰压光，场区井盖及雨水箅子按场地排水坡度标高控制一致	（1）用锯床、锯弓、切管器、砂轮切管机切管子，要垫平卡牢，用力不得过猛，临近切断时，用手或支架托住。砂轮切管机砂轮片应完好，操作时应站侧面。 （2）套丝工作要支平夹牢，工作台要平稳，两人以上操作，动作应协调，防止柄把打人。 （3）管子窜动和对口，动作要协调，手不得放在管口和法兰接合处。

续表

编号	工艺名称	工艺流程	工艺标准及施工要点	验收标准	安全要点
18	室外给排水工程		导性。施工人员应参加技术交底并签名，形成书面交底记录。 （2）沟槽开挖与验收： 1）测量放线。室外地下管线采用坡度板法施工，由测量人员设置坡度板，给水管不超过 20m 设置一个，排水管每隔 10m 设置一个。若遇有阀门、消火栓、三通、检查井等处增设坡度板。坡度板之间中心线为管道轴线位置，坡度板之间高程钉的连线为管内底部的平行坡度线。 2）沟槽开挖。根据沟管的种类、沟管断面尺寸、水文地质情况、施工方法和管道埋深等情况，合理选用沟槽断面开挖形式。沟槽开挖采用人工开挖和机械开挖两种方式。机械开挖应控制开挖深度，沟槽底土方预留厚 0.2～0.3m 的土层。人工开挖应控制人与人之间施工距离，确保开挖时不发生相撞。沟槽土方开挖时应分层分段进行，从坡度板坡度线尺量控制沟槽底标高。清除沟槽软弱土层，加深部位采用灰土或黏土分层回填夯实。清除沟底积水并晾干。 （3）给排水管道基础： 1）管道基础包括平基与管座两部分，管座包角有 90°、180°、360°。 2）平基混凝土模板安装前，抽取沟底积水，降低沟底地下水位，基层晾干。验槽合格后，采用钢木混合模板安装，模板沿基础边线垂直竖立，模板内侧固定，模板外侧加垂直及斜支撑固定。沟槽内设坡度控制点，浇筑平基混凝土。 （4）管道铺设： 1）在平基混凝土表面采用经纬仪弹中心线或边线，在平基混凝土达到一定强度后，安装管道。在管身中心线上设一线坠，管口处设有中心刻度的水平尺，稳管时移动管身，使线坠与水平尺的中心刻度对正。 2）高度控制按相邻坡度板上的坡度线进行，稳管时从坡度线上任意一点量至管内底部的垂直距离作为管道标高。 3）管道接口形式采用刚性和柔性两种。刚性接口主要密封材料采用水泥砂浆，抹带部分与基础管座相接处及管面抹带部分混凝土表面凿毛。抹带部分刷水泥砂浆一层，抹第一层砂浆厚度为 15mm，压实后将宽度为 180mm 的钢丝网从下向上兜起，紧贴底层砂浆，上部搭接长度为 100mm，用扎丝绑紧，使钢丝网表面平整。第一层砂浆初凝后再抹第二层砂浆，赶光压实。抹带宽度为 200mm，厚度为 25mm，并及时进行养护。柔性接口主要采用沥青及橡胶圈安装固定。 （5）雨水井及检查井施工：检查井底基础与管道基础应同时浇筑，井壁墙体砌筑每次		（4）人工往沟内下管或往支架上管，所用索具、地桩必须牢固，沟槽内及吊物下不得有人。 （5）使用切割机时，首先检查防护罩是否完整，后部严禁有易燃物品，切割机不得代替砂轮磨物，严禁用切割机切割麻丝和木块。 （6）在高梯、脚手架上装接管道时，必须注意立足点的牢固性。用管子钳装接管时，要一手按住钳头，一手握住钳柄，缓缓板揿，不可用双手握住钳柄，大力板揿，防止齿口打滑失控坠落。 （7）管道试压，应使用经校验合格的压力表。操作时，要分级缓慢升压，停泵稳压后方可进行检查。非操作人员不得在盲板、法兰、焊口、丝口处停留。管道吹扫、冲洗时，应缓慢开启阀门，以免管内物料冲击，产生水

续表

编号	工艺名称	工艺流程	工艺标准及施工要点	验收标准	安全要点
18	室外给排水工程		收进不大于 30mm。井内的流槽应在井壁砌至管顶以上时进行施工。井内钢筋踏步应随砌随安，位置准确。混凝土井壁踏步在现浇模板完成后安装，井管道顶部采用砖拱。检查井盖安装时采用经纬仪测点统一安装，井盖标高采用水准仪测设水准点安装。井内壁和流槽应抹灰压光，管道与井壁接触处用砂浆灌满，不得漏水，雨水口支管管口与井口墙面相齐。室外所有检查井和雨水口采用环保型高分子材料，路面上及排水排油井盖与所在地面平齐，洒水和阀门井盖高出所在地面 50mm。道路两侧的检查井到路边间距保持一致，所有雨水口距道路间距一致，井圈四周宽度一致。同时，井盖中心可设置单位标识，上方设置风电场名称，下方设置井盖功能名称；雨水箅子上面可设置单位标识，下面注上风电场名称。 （6）给水管道压力试验、排水管道做灌水试验： 1）给水管道在隐蔽前进行单项水压试验，管道系统安装完成后进行综合水压试验，给水管道为铸铁管及镀锌管时，试验压力为工作压力的 1.5 倍，但不得小于 0.6MPa，10min 内压力降不大于 0.05MPa，降至工作压力时检查，不渗不漏为合格。给水管材为塑料管时，试验压力为工作压力的 1.5 倍，但不得小于 0.6MPa，稳压 lh 压力降不大于 0.05MPa，降至工作压力时检查，不渗不漏为合格。 2）站区内通长排水管道灌水，从上部检查井灌水，灌水高度为管顶 1.0m，30min 内不渗漏为合格。压力排水管道按设计要求做水压试验，系统试验压力应超过工作压力 1.25 倍，10min 内压力降不大于 0.05MPa。 （7）给排水管道土方回填：给水管道应分两次回填，管道安装以后试压以前进行回填，管道两侧及管顶 0.5m 内土方回填，管道接口处不应回填，第二次回填应在水压试验以后回填。沟底至管顶以上 0.5m 范围内应进行人工素土回填，回填物不得含有机物及砖石等硬物，并应控制回填土方含水率。管道两侧应对称分层回填，每层厚度不大于 250mm，应采用人工夯实。管顶 0.5m 以上部位回填土可采用机械回填，回填时也应分层、分段回填，机械夯实		

续表

编号	工艺名称	工艺流程	工艺标准及施工要点	验收标准	安全要点
19	通风及空调工程	1．施工准备 2．管道预埋 3．室内机安装 4．配管安装 5．室内冷凝水管安装 6．电缆敷设 7．室内机安装 8．通风设备安装	（1）施工准备： 1）材料准备。准备各种标准紧固件、密封垫、润滑油、清洗剂及制冷剂等材料，并仔细检查质量和数量。 2）施工机具准备。准备安装和起重常用工具，还要准备吊装机具和量具。吊装机具要保证负荷能力的安全可靠，精密量具要符合使用的精度等级。 3）技术准备。做好图纸会审工作。施工前，每个分项工程必须分级进行施工技术交底。技术交底内容要充实，具有针对性和指导性。施工人员应参加技术交底并签名，形成书面交底记录。 （2）管道预埋。根据设计要求及现场实际情况确定空调及管道的位置、大小、数量，预留管道孔时应使管道具有向下的坡度（排水坡度至少保持 $i \geqslant 0.01$），同时考虑绝缘管的厚度。冷凝水管应就近接入落水管，实现有组织排水，冷凝水管的通孔直径应考虑绝缘热材料的厚度（最好气管和液管双排并列）。 （3）室内机安装：室内机安装前必须检查核对设备型号，按照图纸标出的位置安装悬吊支架，悬吊支架必须足以承受室内机的质量。安装室内机时，应保证有足够的冷凝水管位置。 （4）配管安装： 1）按照图纸进行配铜管，加工时吹净，使用氮气进行替换。 2）冷凝水管的封盖。包扎时防止水分、脏物或灰尘进入管内，每根管的末端必须包扎封盖。 3）冷凝水管的冲刷。将压力调节阀装在氮气瓶上，并将压力调节阀与室外机液体管侧的通入口用充气管连接，打开氮气瓶阀调节至一定压力，对室内机、气管、液管进行冲刷。 4）针焊接头通常使用L形弯头、套接头、T形接头，必须满足有关标准，钎焊工作宜在向下或水平侧向进行，尽可能避免仰焊。液管和气管端管必须注意装配方向的角度。 5）扩口连接：使用专用扩口工具，扩口作业前加强管必须退火，切割管子应用管道切割机，扩口表面涂上空调机油，以便扩口螺母光滑通过。扩口前扩口螺母先装上管子，使用两个扳手抓住管子。 （5）室内冷凝水管安装： 1）冷凝水管坡度和固定。冷凝水管安装坡度必须满足设计要求。	按照《电力建设施工质量验收及评定规程　第1部分：土建工程》（DL/T 5210.1）进行验收	（1）电梯井口做好专用防护栏，井内首层及每隔四层设一道水平安全网；各种大于200mm×200mm的预留孔洞用木盖封严。 （2）制定临时机电方案，专人管理，专业施工，安全装置、漏电保护装置齐全有效。 （3）脚手架的防护由专人随时检查，有隐患即刻解决。其他工种不得随意拆改脚手架。 （4）进入现场必须戴安全帽，高处作业系安全带。严禁从高处向下抛掷物体，防止物体打击伤害。

续表

编号	工艺名称	工艺流程	工艺标准及施工要点	验收标准	安全要点
19	通风及空调工程		2）冷凝水管尽可能短并应避免气封的产生，对于较长的冷凝水管可用悬挂螺栓，支架间距为1.2m，支架固定采用角钢，并应确保排水坡度。冷凝水管应绝缘包扎，避免表面结露，所有连接必须牢靠。 3）管道穿墙处必须密封，不得渗入雨水。外漏管线必须加设槽盒密封。顶棚内的冷凝水管应做保温设计。 （6）电缆敷设： 1）控制电线导线管用ϕ16的U-PVC管，暗盒用120型，应统一冷凝系统与室内外的连接线。与电源线平行配线时，应适当空出300mm的距离，防止干扰。 2）主电源线敷设时不能与信号电缆放在同一导管中，不能与信号电缆捆扎在一起。 3）室内敷线用交叉方式向单一分支线路系统中的室内机供电，并提供独立开关。 （7）室外机安装： 1）室外机的安装位置尽量放在隐蔽处，不影响建筑物立面效果。 2）室外机基础。室外机设计时，事先考虑室外摆放位置，如果控制楼为坡屋顶，则室外机放在地面或平台上，基础周围应设置排水沟。如果控制楼为平屋顶，室外机可考虑安装在屋顶上时，必须检查屋顶的强度，并特别注意保护屋顶防水层。 3）安装室外机时注意基础强度和水平度，避免产生振动和噪声，设备安装时必须留出维修保养的工作空间。 4）用ϕ10以上不锈钢膨胀螺栓和10mm厚的避震垫固定室外机；室外机应可靠接地。 （8）通风设备安装： 1）进风口、出风口的洞口预埋位置应严格按照设计图和设备尺寸执行，在土建施工时，应配合土建留好预留孔，并预埋挡板框和支架。 2）风机的开关位置放在室外门口处。 3）安装时，注意进风机在房间墙壁下部位置，出风机在房间墙壁上部位置。把风机放在支架上，上紧螺母，连接好挡板，并装上45°防雨、防雪的弯头。 4）风机安装时外壳应做好接地。 5）风机安装结束后，应安装网孔直径为20～25mm的保护网		（5）严格现场安全用电管理，所有用电设备的维修保养，由专业人员进行管理。现场施工一律使用胶皮软线（三相五线），电路必须安装漏电保护装置，各种电闸箱要有防雨措施，电焊工进场必须穿好绝缘鞋，戴绝缘手套、焊接护目镜、面罩。使用明火作业时，必须办理动火证，并设专人负责看火

续表

编号	工艺名称	工艺流程	工艺标准及施工要点	验收标准	安全要点
20	二次灌浆及保护帽工程	1．二次灌浆及保护帽工艺流程为施工准备 2．清理预留螺栓孔洞 3．混凝土二次浇筑 4．外露螺栓需做混凝土保护帽 5．保护帽模板安装 6．浇筑混凝土 7．顶部压光 8．拆模	（1）施工准备： 1）灌浆前应先做好混凝土的配合比试验，按照此配合比进行水泥、砂、石子等材料准备，材料进场后按照规范进行材料的检验，合格后方可使用。拌和用水应用饮用水，使用其他水源时，应符合《混凝土拌和用水标准》（GJ 63）的规定。 2）先对基础杯口内部浸水，保持灌浆前内部湿润。清理基础杯口内及周围的积水、垃圾、泥土等异物。 3）技术准备。做好图纸会审工作。施工前，每个分项工程必须分级进行施工技术交底。技术交底内容要充实，具有针对性和指导性，施工人员应参加技术交底并签名，形成书面交底记录。 （2）混凝土的搅拌：混凝土的拌和采用机械搅拌，搅拌时间符合规范的规定，或采用商品混凝土。 （3）二次灌浆质量控制要点： 1）架构设备杆安装固定完成后，再进行混凝土二次浇筑，浇筑混凝土时注意对设备的保护和质量控制，防治设备杆歪斜。 2）浇筑混凝土时应分层灌入，分层振捣，每次浇筑厚度不得超过200mm。每次灌浆开始后，必须连续进行，不得间断，并尽可能缩短灌浆时间。 3）浇筑完混凝土后，顶部要进行抹光，必须将地脚螺栓或支架表面的泥浆清除。 4）地脚螺栓露出部分根据需要制作保护帽。 （4）保护帽质量控制要点： 1）根据构支架的直径设置专门钢模板，建议采用方体形或圆台形保护帽。 2）浇筑混凝土前检查构支架接地或电缆保护管是否做好。浇筑混凝土时采用短钢筋进行分层灌入，分层振捣，每次浇筑厚度不得超过200mm；混凝土浇筑至顶部时要留有一定坡度，以便排水，再进行收光。浇制时检查模板是否有偏移，即保证构支架在棱形模板中心，根据情况加设倒角木线。 3）拆除模板后注意不要碰及棱角，若有气孔等现象要进行抹光。 4）混凝土浇筑完后及时将构支架表面的泥浆清除。 （5）养护：地脚螺栓灌浆完或保护帽拆除模板后，覆盖塑料薄膜或加草袋进行养护，养护时间不少于7d	（1）混凝土强度及试块取样留置。 （2）外观质量。边角完整、光洁，无孔洞、麻面、胀模等。 （3）预留孔中心位移小于或等于15mm。 （4）预留孔截面尺寸偏差为－5～＋10mm。 （5）预埋螺栓位移小于或等于2mm。 （6）预埋螺栓外露长度偏差为＋10～－5mm	（1）现场机械设备必须要保证一个合闸控制一台机器，一台机器设置一个漏电保护器，所有用电设备必须保证好接地保护。 （2）风电场范围内的道路两侧应设置国家标准式样的路标、交通标志、限速标志和减速坎等设施。 （3）混凝土搅拌运输车在冬季应及时安装保温套，并使用防冻液对混凝土搅拌运输车加以保护。根据天气变化更换燃油标号，确保机械的正常使用。 （4）混凝土振捣时需要两人同时操作，一人操作振动棒，一人看护振动泵及用电情况

续表

编号	工艺名称	工艺流程	工艺标准及施工要点	验收标准	安全要点
21	电缆沟道工程	1．施工准备 2．电缆沟基槽开挖 3．浇筑混凝土底垫层及沟壁 4．电缆沟压顶混凝土施工 5．电缆沟扁铁安装 6．电缆沟抹灰 7．电缆沟底找坡、压光 8．养护 9．支架安装	（1）施工准备： 1）材料的准备。混凝土采用自拌混凝土，砂、石应有复试报告，水泥应有出厂合格证及复试报告；砖采用灰砂砖，应有出厂合格证及复试报告；模板应采用表面平整、加工精密、有一定刚度的多层胶合板；钢筋应进行外观及资料（出厂合格证书）检查，并经送样复试合格，混凝土实验室配合比完善。 2）技术准备。做好图纸会审工作。施工前，每个分项工程必须分级进行施工技术交底。技术交底内容要充实，具有针对性和指导性。全体施工人员应参加技术交底并签名，形成书面交底记录。 3）定位放线。根据变电站设置的建筑测量定位方格网基准点或施工完毕的设备基础，采用经纬仪、拉线、尺量，定出电缆沟的基准线。 （2）电缆沟基槽开挖：根据设计要求，基槽土方开挖至电缆沟底基础设计标高，电缆沟壁应根据土质要求及电缆沟深度放坡，电缆沟基槽两侧设排水沟及集水井，以防止沟壁坍塌。基槽开挖完成后，应组织相关人员（设计勘察单位、施工单位、监理单位、业主）进行验槽，并做好记录。 （3）浇筑混凝土底板垫层及沟壁：基底原土夯实，放设电缆沟底垫层模板边线及坡度线，根据边线及坡度线安装模板，并采用水准仪跟踪测定模板标高。基础较宽时，在基槽中间部分设水平控制桩。采用经纬仪，在混凝土底板表面定点、弹线，确定电缆沟墙体边线，根据电缆沟墙体标高，设置皮数杆。皮数杆标出电缆沟顶部压顶位置、每皮砖及砖缝厚度。混凝土底板第一皮砖灰缝宽度超过 20mm 时，应采用细石混凝土找平。砖在砌筑前隔夜浇水湿润，砂浆按配合比搅拌，并控制好砂浆稠度。砂浆应保证 3h 内砌筑完毕，砌砖时铺灰长度不应超过 500mm，并严格按照皮数杆逐层砌筑，及时清理落地残余砂浆。 浇筑或砌筑过程中，将铁件预制块砌入电缆沟墙体内，应根据预设的粉刷层厚度拉线控制预制块水平标高及凸出墙体的位置。铁件预制块应事先制作完成。电缆沟墙体按照规范砌筑，顶层砖均应采用“全丁”砌筑，砌筑完成后，砌体顶面采用砂浆灌缝。墙体应按设计要求留置变形缝，上下贯通，并应和混凝土底板垫层变形缝位置一致。砖砌电缆沟埋件应考虑抹灰厚度与埋件平齐。 如果场地有排水要求，在电缆沟施工时应在电缆沟与同于地面标高处设置横向排水槽，槽宽不小于 500mm	（1）沟道中心线位移允许偏差小于或等于 20mm。 （2）沟道顶面标高允许偏差为 0～－10mm。 （3）沟道截面尺寸允许偏差为±15mm。 （4）沟内侧平整度允许偏差小于或等于 8mm。 （5）预留孔洞及预埋件中心位移允许偏差小于或等于 15mm，倾斜度允许偏差为 2%	（1）场区内搬运移动梯子、架杆、架板、钢管等长形物件必须放倒，首尾两人平抬搬运，严禁肩扛，手举搬运与移动。 （2）施工物件末端与带电设备安全距离大于 5m，施工设备及构件高度不得超过 2.5m。 （3）施工作业期间严禁向上举起铁锹、镐、棍、管等长形物件。 （4）在电缆沟内从事焊接工作，必须有专业人员监护，必须对电缆进行防火隔离，配备足够的防火器材，焊点下部加装石棉垫，焊接点四周进行隔离，严防焊渣飞溅。 （5）电缆沟内临时照明应使用专用行灯，防止人员触电

续表

编号	工艺名称	工艺流程	工艺标准及施工要点	验收标准	安全要点
21	电缆沟道工程		（4）电缆沟压顶混凝土施工： 1）电缆沟外墙弹出水平线，根据水平线安装压顶模板，采用钢制卡具固定压顶模板。压顶模板上口根据水平线调平，为防止压顶模板上口倾斜，在压顶两侧设置木方与基坑边沿土方打桩固定。压顶钢筋与墙顶面及模板两侧设混凝土保护层。 2）压顶浇筑前，墙面应浇水湿润。压顶混凝土采用振捣棒捣密实，顶面抹平、压光。混凝土压顶在变形缝处也应断开。 3）伸缩缝设置宽度以 15～20mm 为宜，缝中应填塞油麻，外层用密封膏勾缝。 4）要求全混凝土电缆沟或压顶混凝土一次成型，不做粉刷。 （5）电缆沟扁铁安装：为了防止扁铁焊接变形，焊接前应每米设置角钢将扁铁撑紧在沟壁上。在预埋铁件上进行扁铁焊接，焊接中应拉通长线整平，扁铁搭接长度不应小于 2 倍扁铁宽度，三边焊接，焊接质量应符合施工规范的要求。 （6）电缆沟抹灰：根据墙面抹灰厚度塌饼、冲筋，采用 1:3 水泥砂浆打糙，1:2 水泥砂浆压光。抹灰前墙面要充分浇水湿润，混凝土面层采用 108 胶水掺水泥素浆批浆。为保证电缆沟长度方向粉刷的顺直及平整，用经纬仪测点弹中心控制线，沟壁弹水平控制线，作为控制电缆沟粉刷面的基准线。电缆沟抹灰过程中，原材料应采用同一批次进场材料，砂浆配合比应统一，以保证电缆沟抹灰面色泽均匀一致。抹灰砂浆应在规定的时间内用完，不允许用于水泥或砂浆干粉在粉刷层表面吸水。抹灰面层压光后，电缆沟应棱角通长顺直，沟壁平整，无砂眼、凹坑、抹纹，抹灰层色泽一致，无空鼓、龟裂。电缆沟顶抹灰宜每隔 2m 垂直于长度方向镶贴分格条，以减少由于沟长而引起的收缩裂缝。注意做好电缆沟内外层抹灰，尤其加强外露处抹灰。 （7）电缆沟底找坡、压光：电缆沟应根据设计要求进行找坡，采用水准仪测定坡度标高线，较厚部位采用细石混凝土找平，找坡混凝土与砂浆面层宜一次性完成，并在电缆沟一侧设置排水槽。浇筑前，应清理沟底积水、杂物，并进行扫浆。浇筑时，应注意混凝土及砂浆不得污染沟壁砂浆面层。混凝土表面原浆压光，应在混凝土终凝前进行，应不少于 3 遍压光，压光后面层应无砂眼、凹坑、抹纹，表面应洁净、光滑。 （8）养护：电缆沟壁浇筑或抹灰完成后，应进行覆盖浇水养护不少于 7d。 （9）支架安装：电缆支架安装时应分段标出标高，先焊接两侧支架，然后挂线调平其他支架进行焊接，安装时必须控制支架标高和水平度。支架应可靠接地		

续表

编号	工艺名称	工艺流程	工艺标准及施工要点	验收标准	安全要点
22	电缆沟盖板工程	1．施工准备 2．角铁边框制作 3．钢筋制作及安装 4．混凝土浇筑 5．养护 6．盖板安装	（1）施工准备： 1）材料准备。砂、石应有复试报告，水泥应有出厂合格证及复试报告；钢筋应进行外观及资料（质量证明书）检查，并经送样复试合格；角铁应有合格证，进场应进行外观检查，无变形翘曲现象，规格、型号、壁厚应达到设计要求。电焊条应有合格证，电焊工应有上岗证。 2）预制场地的准备。预制场地应设置在变电站区不影响施工的部位，根据预制数量及使用时间确定场地大小。场地表面应压光，压光后表面应平整、光滑、坚实。 3）技术准备。做好图纸会审工作。施工前，每个分项工程必须分级进行施工技术交底。技术交底内容要充实，具有针对性和指导性。施工人员应参加技术交底并签名，形成书面交底记录。 （2）角铁边框制作：根据边框放样尺寸，由专人进行角铁画线切割，角铁两头切割45°，角铁边框进行45°拼角焊接。角铁边框焊接时不可有过烧、咬边、夹渣等现象。焊接时，为保证角铁边框尺寸一致、不变形，角铁边框底部可设置平整钢板一块，在钢板上弹线，四周用角钢焊出角铁边框模型，焊接时角铁放入模型内焊接加工。为保证角铁边框内混凝土与锁锌边框粘接牢固，可在角铁边框内侧焊接若干螺纹钢筋。角铁边框焊接后送入锁锌厂进行加热锁锌处理，锁锌后角铁边框容易变形，浇筑前应进行矫正，使角铁边框对角线、平整度、尺寸符合要求。 （3）钢筋制作及安装：根据图纸要求进行钢筋的制作，I 级钢应做弯钩，钢筋节点应全部使用铅丝绑扎，网片钢筋与角钢边框留出的钢筋也应进行绑扎。 （4）混凝土浇筑：角铁边框水平放在预制场地上，在角铁边框底部铺厚度为 3mm 的橡胶皮，以保证成型后的盖板底部不漏浆，且底面平整、光滑，底部混凝土不高出角钢边框。为保证混凝土盖板面层色泽一致，混凝土原材料尽量一次性进场，并分开堆放。混凝土原材料计量由专人负责，应搅拌均匀。铁模板内铺一层混凝土，使用平板振动器（小型平板）振捣密实，钢筋网片放入模板，再加入混凝土铺满角铁盖板，并再次使用平板振动器振捣密实，直至平板表面泛出原浆。在混凝土终凝前进行不少于 3 遍压光，压光后表面无抹痕，严禁有凹坑、砂眼等现象。浇筑完成后，清除角铁边框四周的混凝土及砂浆。	（1）沟道盖板钢边框：长度偏差为±3mm；宽度偏差为±3mm；对角线差小于或等于 3mm。 （2）沟道盖板：长度偏差为±5mm；宽度偏差为±5mm；厚度偏差为±3mm；对角线偏差小于或等于 5mm；表面平整度偏差小于或等于 5mm	（1）现场机械设备必须要保证一个合闸控制一台机器，一台机器设置一个漏电保护器，所有用电设备必须保证好接地保护。 （2）钢筋的切断、调直、焊接必须严格执行机械安全操作规程。钢筋切断所用的无齿锯要有安全防护罩，无齿锯前方2m左右要设垂直挡板，以防火星乱飞伤人及碰到易燃物引起火灾。 （3）运输及使用盖板时，注意预防挤伤

续表

编号	工艺名称	工艺流程	工艺标准及施工要点	验收标准	安全要点
22	电缆沟盖板工程		（5）养护：常温下，混凝土盖板浇筑完成12h后，应放入蒸养室养护不少于7d。 （6）盖板安装：运输时应考虑盖板受力方向，盖板反向受力，容易造成盖板断裂，将盖板搁置在电缆沟上，电缆沟两头采用经纬仪每隔20m左右定点。拉线调整盖板顺直及平整度。盖板搁置点底部搁置厚度为3mm的橡胶皮垫，以调整盖板的稳定性及表面平整度。安装好的盖板，应按要求喷漆编号。电缆沟中有防火墙的部位，应在盖板上喷写“防火墙”字样。盖板之间的缝隙搁置宽度为3mm的T形橡胶条，来提高盖板的稳定性和严密性		
23	风电场其他工程（升压站内台阶、坡道、散水路及风场道路）	1. 施工准备 2. 坡道及台阶施工 3. 散水施工 4. 风电场场区道路施工	（1）施工准备： 1）材料准备。材料包括白灰、水泥、好土、砖砌块、中砂、石子。散水和坡道基层可选用三七灰土夯实。坡道、台阶可采用混凝土现浇制作。风场道路可选用二灰稳定碎石。 2）技术准备。做好图纸会审工作。施工前，每个分项工程必须分级进行施工技术交底。技术交底内容要充实，具有针对性和指导性。施工人员应参加技术交底并签名，形成书面交底记录。 （2）坡道及台阶施工。基层回填密实，符合设计要求，一般选用三七灰土夯填。根据场地标高确定坡道坡度，采用模板支设出坡道和台阶样式，台阶分台均匀，宽高比符合设计及规范要求。然后浇筑混凝土，混凝土需振捣密实，表面用木抹子搓毛并及时养护。待强度达到设计要求后，可进行表面抹灰，有贴砖要求的台阶可进行粘贴砖施工。台阶平面应保证有2%向外流水的坡度。坡道、台阶与散水和建筑物之间设置宽15mm的沉降缝，缝中采用密封膏填实。 （3）散水施工。基层可选用三七灰土夯填密实，按图纸要求，测出散水标高，并在建筑物外墙上弹出控制线。散水用木模板支设，为保证散水与建筑物之间的沉降缝，选用厚10mm的木模板加木模控制沉降缝宽度和顺直度，外测应选用优质模板，保证散水的顺直度和平整度，散水应与建筑物沿自身长度方向每隔3m设置宽1.5cm的沉降缝。如遇挑梁或沟道应在此处设置沉降缝，上部填塞厚2cm的硅酮密封膏。散水需一次浇筑成型，表面压实抹光。优良的散水应边角完整、无缺损，棱线顺直，散水及沉降缝宽度标准一致、密封材料填设美观、表面光洁，坡度符合设计要求。	（1）散水、台阶、坡度整体美观，均设沉降缝，缝宽15mm，密封塞填美观。 （2）坡道、台阶与门口中心对称布置，整体对称不偏斜。台阶分台平均合理，宽高比符合设计及规范要求，棱线顺直，边角完整，坡度满足要求。 （3）散水坡度满足设计要求，棱角完整无缺，表面光洁、平整，平整度小于或等于5mm，缝格平直偏差小于或等于3mm；不应有裂纹、脱皮、麻面、起砂、不均匀下沉等缺陷。 （4）风场场区道路宽度、压实系数符合设计要求，两侧土平整美观，平整度小于或等于10mm	（1）蛙式打夯机必须使用单向开关，操作扶手要采取绝缘措施。蛙式打夯机必须由两人操作，操作人员必须戴绝缘手套并穿绝缘鞋。 （2）采用机械碾压时，应遵守压实机械有关安全技术操作规程

续表

编号	工艺名称	工艺流程	工艺标准及施工要点	验收标准	安全要点
23	风电场其他工程（升压站内台阶、坡道、散水路及风场道路）		（4）风电场场区道路施工。按设计图纸，根据控制网，放出道路中心控制线和标高控制点。对道路基层进行开挖，将腐殖土挖出，道路两侧设置挡土坡，保证路基宽度一致，采用灰土或级配碎石换填碾压，压实系数达到设计要求，并浇水养护。路基采用设计材料或二灰稳定碎石铺设，厚度满足设计要求，并分层浇水碾压，达到设计压实系数。路基材料铺设完成后，对道路两侧土进行平整，一般风电场场区道路不做混凝土硬化，路基层应坡面平整，宽度满足设计要求，平整度不大于 10mm